机床电气自动控制

（第3版）

陈远龄　黎亚元　傅国强　主编

重庆大学出版社

内 容 简 介

本书较全面地讨论了现代机床电气控制的主要类型。其内容包括:继电接触器控制电路的分析与设计;交、直流无级调速控制;机床数字控制(CNC及经济型数控系统);可编程控制器(PC)的原理、程序编制方法及在机械控制中的应用。

在机床电路图形符号和电气原理图的绘制上,均贯彻新颁布的国家标准。

本书可作为大专院校机械制造及设备、机械设计、机械电子工程以及与之相近专业的教材,亦可供机械、电气方面的工程技术人员参考。

图书在版编目(CIP)数据

机床电气自动控制/陈远龄,黎亚元,傅国强主编.—2版.—重庆:重庆大学出版社,2008.8(2015.8重印)
(高等学校机械类系列教材)
ISBN 978-7-5624-0842-0

Ⅰ.机… Ⅱ.①陈…②黎…③傅… Ⅲ.数控机床—电气控制:自动控制—高等学校—教材 Ⅳ.TG659

中国版本图书馆 CIP 数据核字(2008)第 120714 号

机床电气自动控制

(第 3 版)

陈远龄 黎亚元 傅国强 主编
责任编辑:梁 涛 版式设计:梁 涛
责任校对:夏 宇 责任印制:赵 晟

*

重庆大学出版社出版发行
出版人:邓晓益
社址:重庆市沙坪坝区大学城西路 21 号
邮编:401331
电话:(023)88617190 88617185(中小学)
传真:(023)88617186 88617166
网址:http://www.cqup.com.cn
邮箱:fxk@cqup.com.cn(营销中心)
全国新华书店经销
重庆金润印务有限公司印刷

*

开本:787×1092 1/16 印张:13.25 字数:337 千
2015 年 8 月第 3 版 2015 年 8 月第 17 次印刷
印数:57 001—58 000
ISBN 978-7-5624-0842-0 定价:27.00 元

前　言

本书在内容处理上，既注意基础部分，又充分反映本领域的最新技术；既考虑先进性，也注重结合当前国情。文字叙述力求简明扼要，深入浅出。

全书包括继电接触器控制；交直流无级调速；机床数字控制及可编程控制器等机床电气控制的主要内容。

全书共分 8 章。第 1 章为绪论。第 2,3 章采用逻辑分析与文字叙述相结合的方式来分析机床继电接触器控制的基本电路及机床电路，以加强科学性及与全书各部分的联系。为考虑与先修课的衔接，补充了机乐常用电器简介的内容。第 4 章充分注意到电气无级调速的发展，介绍交、直流无级调速的基本原理和方法。第 5 章阐述了继电接触器电路的设计与元件选择。第 6,7 两章讨论机床数字控制的基本内容，既介绍了 CNC 数控，也从实用的角度对经济型数控作了较全面的介绍。第 8 章讨论发展非常迅速的可编程控制器的工作原理和编程方法。

书中机床电路图形符号、机床电路原理图绘制以及有关术语，均贯彻《GB 5226—85》、《GB 7159—87》、《GB 4728—86》、《JB 2740—85》、《JB 2739—83》等新标准。

本书由重庆大学陈远龄任主编，西华大学黎亚元、新疆大学傅国强分别任第 2，第 3 主编。第 1,8 章由陈远龄编写，第 2 章由傅国强编写，第 3 章由昆明理工大学郑季良编写，第 4,5 章由陕西理工学院赵焱编写，第 6,7 章由黎亚元编写。全书由陈远龄负责统稿。

本书由重庆大学徐宗俊教授任主审。本书还得到兰州工业学院的大力支持，陕西汉江机床厂吴静钧高级工程师对第 5 章的编写提供了不少帮助，在此一并致谢。

本书除可以作机械制造及设备、机械设计、机械电子工程、工业造型等专业的教材外，也可供其他有关专业师生和从事机械、电气方面的工程技术人员参考。

由于编者水平有限，谬误之处，恳请批评指正。

编　者

2015 年 5 月

目　录

第1章 绪 论

1.1 电气自动控制在现代机床中的地位

现代机床由工作机构、传动机构、原动机和自动控制系统四个部分组成。

所谓"自动控制"是指在没有人直接参与(或仅有少数参与)的情况下,利用自动控制系统,使被控对象(或生产过程),自动地按预定的规律去进行工作。如机床按规定的程序自动地启动与停车;利用微型计算机控制数控机床,按照计算机发出的程序指令,自动按预定的轨迹加工;利用可编程控制器,按照预先编制的程序,使机床实现各种自动加工循环,所有这些都是电气自动控制的应用。

实现自动控制的手段是多种多样的,可以用电气的方法来实现自动控制,也可以用机械的、液压的、气动的等方法来实现自动控制。由于现代化的金属切削机床均用交、直流电机作为动力源,因而电气自动控制是现代机床的主要控制手段。即使采用其他控制方法,也离不开电气控制的配合。本书就是以机床作为典型对象来研究电气自动控制技术的基本原理、方法和应用,这些基本控制方法自然也适用于其他机器设备及生产过程。

机床经过一百多年的发展,结构不断改进,性能不断提高,在很大程度上取决于电气拖动与电气控制系统的更新。电气拖动在速度调节方面具有无可比拟的优越性和发展前途。采用直流或交流无级调速电动机驱动机床,使结构复杂的变速箱变得十分简单,简化了机床结构,提高了效率和刚度,也提高了精度。近年研究成功的电机—主轴部件,将交流电机转子直接安装在主轴上,使其振动和噪音均较小,它完全代替了主轴变速齿轮箱,对机床传动与结构将产生变革性影响。

生产技术和生产力的高速发展,要求机器具有更高的精度、更高的效率、更多的品种、更高的自动化程度及可靠性。科学技术特别是微电子技术的高速发展为电气控制的进步创造了良好的条件,现代机床在电气自动控制方面综合应用了许多先进科学技术成果,如计算技术、电子技术、传感技术、伺服驱动技术。特别是价廉可靠的微机在机床行业的广泛应用,使机床的自动化程度、加工效率、加工精度、可靠性不断提高,同时对扩大工艺范围,缩短新产品的试制周期,加速产品更新换代,降低成本和减轻工人劳动强度起到重要作用。近年来出现的各种机电一体化产品、数控机床、机器人、柔性制造单元及系统等均是电气自动控制现代化的硕果。可见电气自动控制对于现代机床的发展有极其重要的作用,机械制造专业的学生以及从事机械设计和制造的工程技术人员都必须掌握机床电气自动控制的理论和方法。

1.2 机床电气自动控制的发展概况

1.2.1 电气拖动的发展

电气控制与电气拖动有着密切的关系。20世纪初,由于电动机的出现,使得机床的拖动发生了变革,用电动机代替蒸汽机,机床的电气拖动随电动机的发展而发展。

①单电机拖动 一台电机拖动一台机床,较之成组拖动简化了传动机构,缩短了传动路线,提高了传动效率,至今中小型通用机床仍有采用单电机拖动的。

②多电机拖动 由于生产的发展,机床的运动增多,要求提高,出现了采用多台电机驱动一台机床的拖动方式。采用了多电机拖动以后,不但简化了机械结构,提高了传动效率,而且易于实现各运动部件的自动化。多电机拖动是现代机床最基本的拖动方式。

③交、直流无级调速 电气无级调速具有可灵活选择最佳切削速度和极大简化机械传动结构的优点。由于直流电动机具有良好的启动、制动和调速性能,可以很方便地在宽范围内实现平滑无级调速,所以20世纪30年代以后直流调速系统在重型和精密机床上得到广泛应用。20世纪60年代以后,由于大功率晶闸管的问世,大功率整流技术和大功率晶体管的发展,晶闸管直流电动机无级调速系统取代了直流发电机—直流电动机、电磁放大机等直流调速系统,采用脉宽调制的直流调速系统也获得广泛应用。20世纪80年代以后,由于半导体变流技术的发展,使得交流电动机调速系统有突破性进展。交流调速有许多优点,单机容量和转速可大大高于直流电机,交流电机无电刷与换向器,易于维护,可靠性高,能用于带有腐蚀性、易爆性、含尘气体等特殊环境中。与直流电机相比,交流电机还具有体积小、重量轻、制造简单、坚固耐用等优点。交流调速已突破关键性技术,从实用阶段进入了扩大应用、系列化的新阶段。以鼠笼式交流伺服电机为对象的矢量控制技术,是近年来新兴的控制技术,它能使交流调速具有直流调速的优越调速性能。交流变频调速器、矢量控制伺服单元及交流伺服电机已日益广泛地应用于工业中。交流调速的发展必将对机床行业产生深远影响,必须引起充分重视。

1.2.2 电气控制系统的发展

电气拖动的控制方式亦经历了一个从低级到高级的发展过程。最初采用手动控制。最早的自动控制是20世纪二三十年代出现的继电接触器控制,它可以实现对控制对象的启动、停车、调速、自动循环以及保护等控制。它所使用的控制器件结构简单、价廉、控制方式直观、易掌握、工作可靠、易维护,因此在机床控制上得到长期、广泛的应用。它的缺点是体积大、功耗大、控制速度慢、改变控制程序困难,由于是有触点控制,在控制复杂时可靠性降低。

为了解决复杂和程序可变控制对象的需要,在20世纪60年代出现了顺序控制器。它是继电器和半导体元件综合应用的控制装置,具有程序改变容易、通用性较强等优点,广泛用于组合机床、自动线上。随着计算技术的发展,又出现了以微型计算机为基础的具有编程、存储、逻辑控制及数字运算功能的可编程控制器 PC(Programmable Comroller)。PC 的设计以工业控制为目标,因而具有功率级输出、接线简单、通用性强、编程容易、抗干扰能力强、工作可靠等一系列优点。它一问世即以强大的生命力,大面积地占领了传统的控制领域。PC 的一个发展方向是微型、简易、价廉,以图取代传统的继电器控制;而它的另一个发展方向是大容量、高速、高性能,对大规模复杂控制系统能进行综合控制。

数字控制是机床电气控制发展的另外一个重要方面。数控机床就是数控技术用于机床的产物。它是 20 世纪 50 年代初,为适应中小批机械加工自动化的需要,应用电子技术、计算技术、现代控制理论、精密测量技术、伺服驱动技术等现代科学技术的成果。数控机床既具有专用机床生产率高的优点,又兼有通用机床工艺范围广、使用灵活的特点,并且还具有能自动加工复杂成型表面,精度高的优点。数控机床集高效率、高精度、高柔性于一身,成为当今机床自动化的理想形式。

数控机床的控制系统,最初是由硬件逻辑电路组成的专用数控装置 NC,它的灵活性差,可靠性不够。随着价格低廉工作可靠的微型计算机的发展,数控机床的控制系统无疑已为微机控制所取代,成为 CNC 或 MNC 系统。

加工中心机床是工序高度集中的数控机床。具有刀库和换刀机械手是它的显著特征。在加工中心机床上,工件可以通过一次装夹,完成全部加工。

从现代控制理论中的"最优控制理论"出发,研制了自适应数控机床(AC)。它能自动适应毛胚裕量变化、硬度不均匀、刀具磨损等随机因素的变化,使刀具具有最佳的切削用量,从而始终保证有高的生产率和加工质量。

为了发挥计算机运算速度快的能力,可由一台计算机控制多台数控机床,它称为计算机群控系统 DNC,又称为"直接数控系统"。

20 世纪 90 年代以后,"直接数控系统"在不断消退,而由柔性制造系统取而代之。

随生产的发展,由单个机床的自动化发展为生产过程的综合自动化。柔性制造系统 FMS 是由一中心计算机控制的机械加工自动线,是数控机床、工业机器人、自动搬运车、自动化检测、自动化仓库组成的高技术产物。加上计算机辅助设计 CAD、计算机辅助制造 CAM、计算机辅助质量检测 CAQ 及计算机信息管理系统将构成计算机集成制造系统 CIMS。它是当前机械加工自动化发展的最高形式。机床电气自动化在电气控制技术迅速发展的进程中被不断推向新的高峰。

1.3　本课程的内容与要求

"机床电气自动控制"是机制专业的一门电类专业课,其任务是讲授以机床为主要对象的自动控制技术的基本原理和实现手段。

本课程的先修课是"电工学"、"微机原理及应用"、"机床"。

本课程以国内使用最多的继电接触器控制为重点讲授内容,将充分注意到电气控制的先进技术和发展趋势,从应用的角度出发讲授电气无级调速、可编程控制器、数控技术的基本内容。

在学完本课程以后,学生应掌握电气自动控制的基本原理;熟悉一般机床的电气控制电路并具有一定的设计能力;了解电气无级调速的原理及在机床上的应用;懂得机床数控的基本知识;对可编程控制器应具有初步的运用能力。

综上所述,通过本门课程学习以后,学生能够具有对机电一体化产品的综合分析设计能力。

第 2 章　机床继电接触器基本控制电路

机床一般都由电动机来拖动,为了达到各种工艺要求,对电动机的控制方式也是多种多样的。而在普通机床中多数采用继电接触器控制方式,尤其是由三相异步电动机拖动的系统更是如此。

继电接触器控制电路是由各种继电器、接触器、熔断器、按钮、行程开关等元件组成,实现对电力拖动系统的启动、调速、制动、反向等的控制与保护,以满足生产工艺对拖动控制的要求。这些电气元件一般只有两种工作状态:触头的通或断;电磁线圈的得电与失电。这与逻辑代数中的"1"和"0"相对应,因而完全可以采用逻辑代数这一数学工具来描述、分析、设计机床电气控制电路。随着科学技术的发展,逻辑代数不仅在继电接触器控制电路的研究中得到广泛应用,而且在数字电路和计算机技术方面也是一个强有力的数学工具。

各种机床控制电路是多种多样的。有的比较简单,有的就很复杂,但再复杂的电路都是由一些基本的简单环节组合而成。本章在对常用电器元件简述的基础上,介绍一些电气控制电路的基本环节,并用逻辑代数来描述电气控制电路。

2.1　常用低压电器

低压电器是指工作电压在交流 1 000 V 以下或直流 1 200 V 以下的各种电器,这类电器品种繁多,功能多样,应用十分广泛。下面只介绍一些常用低压电器的功能、工作原理和这类电器在电路图中的图形符号和文字符号。

2.1.1　开关电器和熔断器

开关电器是指低压电器中作为不频繁地手动接通和断开电路的开关,或作为机床电路中电源的引入开关。它包括刀开关、组合开关、自动开关等。刀开关结构简单,手动操作,常用于低压控制柜中作电源引入开关。在机床中组合开关和自动开关比刀开关应用得更广泛。

（1）组合开关

组合开关又称转换开关。它由动触片 1、静触头 2、方形转轴 3、手柄 4、定位机构及外壳等组成。动、静触头装在数层绝缘壳内,其结构示意如图 2.1 所示。

当手柄由位置 Ⅰ 转到位置 Ⅱ 时,方形转轴带动各层动触片一起转动,使相应的静触头与动触片接通,从而接通电路。动触片的导电部分有 180° 分布的,也有 90° 分布的。各层动触片选用不同的形状与不同分布的静触头相配合,在转动手柄时,电路就有不同的通断状态。图中所

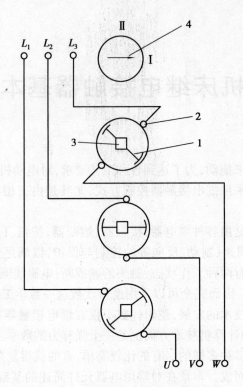

图 2.1　转换开关结构示意图

示的为三相(三极)开关。

　　组合开关有单极、双极、多极之分。它在机床电气设备中主要作为电源引入开关,也可用来直接控制小容量电动机不频繁地启动和停止。刀开关和组合开关在电路中的图形符号与文字符号如图 2.2 所示。

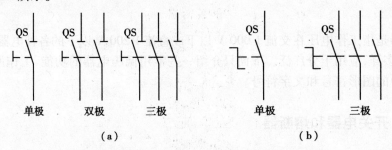

单极　　　双极　　　三极　　　　　单极　　　三极

(a)　　　　　　　　　　　(b)

图 2.2　刀开关、组合开关图形符号与文字符号

(a)刀开关　(b)组合开关

(2)自动开关

　　自动开关又称自动空气开关。当电路发生严重过载、短路以及失压等故障时,能自动切断故障电路,有效地保护串接在它后面的电气设备。因此自动开关是低压配电系统中一种十分重要的保护电器。在正常情况下,自动开关也可以不频繁地接通和断开电路或控制电动机的启动与停止。在机床电气设备中常用的是塑料外壳式自动开关。

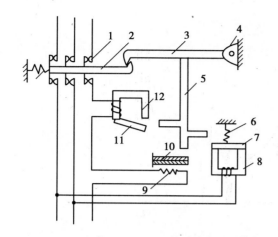
图 2.3　自动开关原理图

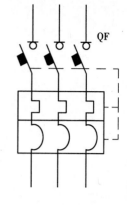
图 2.4　自动开关的图形符号

1—触头　2—锁键　3—搭钩　4—转轴　5—杠杆
6—弹簧　7—衔铁　8—欠电压脱扣器 9—加热电阻丝
10—热脱扣器双金属片　11—衔铁　12—过电流脱扣器　13—弹簧

图 2.3 是自动开关工作原理图,在图中手动合闸操作机构未画出,自动开关处于合闸位置。当过电流(短路)时,衔铁 11 被吸合;欠电压时,衔铁 7 释放;过载时双金属片 10 向上弯曲,三者都通过杠杆 5 使搭钩 3 脱开,由主触头 1 切断电路。

由于主触头系统要断开线路的短路电流,因此主触头由耐弧合金制成并带有栅片灭弧装置。

塑壳式自动开关常用的有 DZ10 系列(额定电流分 10,100,200,600 A 四个等级)。小容量的有 DZ4、DZ5 系列(额定电流 25 A、50 A 两级)。选用自动开关除要考虑自动开关的额定电压和额定电流外,还应考虑自动开关允许切断的极限电流应略大于线路最大短路电流。

自动开关在电气电路图中的图形符号如图 2.4 所示。

（3）熔断器

熔断器是一种最简单有效而价廉的保护电器,是利用金属的熔化作用来切断电路的。它串接在所保护的电路中,作为电路及用电设备的短路或严重过载的保护元件。

熔断器主要由熔体(俗称保险丝)和安装熔体的熔座两部分组成。熔体是由易熔金属铅、锡、锌、铜、银及其合金制成,有丝状、片状及笼状等形式。有的熔体安装在陶瓷或胶木封闭管中,内充石英砂,在熔体熔断时有利于灭弧。

熔体允许长期通过 1.2 倍额定电流。但当电路发生短路及严重过载时,熔体中产生的热量与通过电流的平方及通过电流的时间成正比,即通过电流越大,熔体熔断的时间越短。这一特性称为熔断器的保护特性,又称安秒特性,如图 2.5 所示,它具有反时限性。

常见的熔断器有瓷插式 RC1A 系列、封闭管式及螺旋式 RL1 系列等多种,而螺旋式 RL1 系列熔断器在机床电路中较常用。熔体的额定电流应根据所保护负载的性质及其电流的大小来选择。熔断器的图形符号及文字符号如图 2.6 所示。

利用组合开关和熔断器就可构成最简单的具有短路保护的三相异步电动机控制电路。如图 2.7 所示。这种电路在小型台钻、砂轮机等不频繁启动小容量电动机上常用。图中 PE 是保护接地符号。有关电工设备文字符号及电工系统常用图形符号见附录 1 及附录 2。

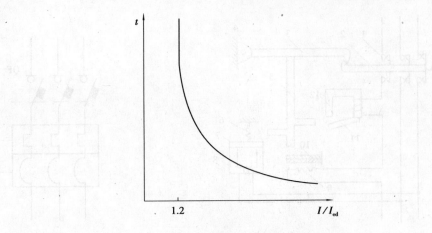

图 2.5　熔断器的安秒特性

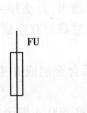

图 2.6　熔断器的图形、文字符号

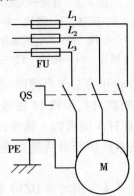

图 2.7　用开关直接启动电动机的电路

2.1.2　交流接触器

接触器是一种利用电磁铁操作,频繁地接通或断开交、直流主电路及大容量控制电路的自动切换电器。主要用于控制电动机、电焊机、电热设备、电容器组等。当电磁铁线圈得电电磁铁吸合时,带动接触器触头闭合,使电路接通。线圈失电时,电磁铁释放(在弹簧力作用下),接触器触头断开,使电路切断。它具有低电压(欠压或失压)释放的保护功能,并能实现远距离控制。

接触器按其主触头通过电流的种类,可分为交流接触器和直流接触器两大类。交流接触器的结构如图 2.8 所示,主要可分为电磁机构及触头系统两大部分。

(1)电磁机构

由线圈、衔铁(动铁心)、铁心(静铁心)及释放弹簧等组成。当线圈接上交流电时,磁路中建立的磁通在动、静铁心间产生吸力,使衔铁带动触头动作。

由于线圈中流过的是交流电,因此铁心中磁通也是随时间变化的。为了减少交变磁通在铁心中产生的涡流、磁滞损耗,铁心采用薄硅钢片叠成。另外,由交变磁通产生的吸力也是随时间变化的。当吸力大于由释放弹簧作用于衔铁上的反作用力时,衔铁吸合,反之衔铁释放,

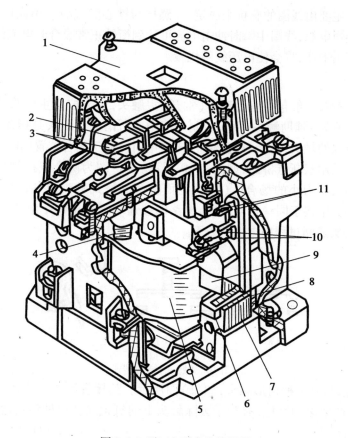

图 2.8 CJ0-20 型交流接触器

1—灭弧罩 2—触头压力弹簧片 3—主触头 4—反作用弹簧 5—线圈 6—短路环 7—静铁心
8—弹簧 9—动铁心 10—辅助常开触头 11—辅助常闭触头

这样会引起衔铁及触头的振动,产生很大的噪音及电弧,使接触器根本无法工作。解决这个问题的办法是在铁心端部开一个槽,槽内嵌入短路铜环(又称分磁环),如图2.9所示。

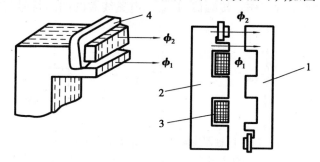

图 2.9 交流电磁铁的短路环

1—衔铁 2—铁心 3—线圈 4—短路环

当交变磁通穿过短路环时,环中会产生感应电流,此电流会阻碍磁通的变化。于是短路环把气隙端面上的磁通分成不穿过短路环的 ϕ_1 及穿过短路环而相位上落后的 ϕ_2。只要这两部分磁通产生的电磁吸力的合力始终大于反作用力,即可消除振动和噪音。

线圈中的电流主要由线圈的感抗来决定,而感抗与铁心间气隙大小成反比。因此在衔铁打开气隙最大时接通电源,线圈中瞬时冲击电流可达到衔铁正常吸合时电流的 10 倍以上。所以若衔铁固某种原因卡住,将会使电压线圈烧毁。

（2）触头系统

交流接触器的触头一般包括三对动合（常开）主触头,用于控制主电路的通、断。另有两对动合、两对动断（常闭）辅助触头,用于控制电路中。所谓动合触头是指接触器线圈未通电时触头处于打开位置的触头;动断触头是线圈未通电时已处于闭合位置的触头。

触头结构通常采用双断点桥式,如图 2.10 所示。（a）图为两个点接触的桥式触头,它适用于电流不大而触头压力小的场合。（b）图为面接触的桥式触头,它适用于大电流的场合。桥式触头有两个触头串接于同一条电路中,电路的接通与断开由两个触头共同完成（称为一对触头）,有利于触头通断过程中电弧的熄灭。

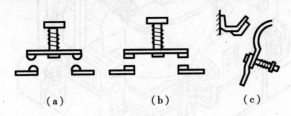

(a)　　　　　(b)　　　　　(c)

图 2.10　触头的结构型式

除桥式触头外,另有一种指形触头,如（c）图所示。其接触区为一直线,触头接通或断开时动、静触头间会产生滚动摩擦,有利于去除触头上的氧化膜。此种型式适用于接电次数较多,电流较大的场合。

为了使触头接触良好,减少接触电阻并消除开始接触时产生的振动,在触头上装有弹簧来产生所需的接触压力。

接触器主触头在断开主电路时,触头间会产生弧光放电现象。电弧的高温会将触头烧损,并使电路的切断时间延长,严重时还会引起火灾或其他事故。为使电弧迅速熄灭,交流接触器必须安装灭弧罩后才能正常工作。接触器的触头、电磁线圈的图形符号与文字符号如图 2.11 所示。

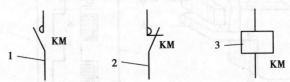

图 2.11　接触器线圈和触头图形符号与文字符号
1—动合主触头　2—动断主触头　3—线圈

2.1.3　按钮、行程开关

这类电器是一种非自动切换控制电路的主令电器。作用是发出指令去控制接触器或其他电器电磁机构的线圈,使电路得以接通或断开来实现自动控制。

主令电器的种类很多,除按钮、行程开关外,还有万能转换开关、十字开关、主令控制器、接近开关、脚踏开关等。

（1）按钮

按钮是一种结构简单、应用广泛的主令电器，在低压控制电路中，用于手动发出控制信号。

按钮由按钮帽、复位弹簧、桥式触头和外壳等组成，通常具有一对动合触头与一对动断触头，其结构示意图如图2.12所示。有的按钮帽中还带有指示灯。为了标明各按钮的作用，避免误操作，按钮帽做成红、黄、蓝、绿、黑、白等颜色供选用。按钮的图形符号与文字符号见图2.13。

（2）行程开关

行程开关又称限位开关，是一种利用生产机械的某运动部件对开关操作机构的碰撞而使触头动作，发出控制信号的主令电器，主要用来控制生产机械的运动方向、行程大小或实现位置保护。

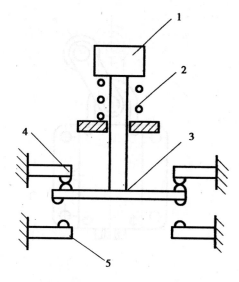

图2.12　按钮开关结构示意图
1—按钮帽　2—复位弹簧　3—动触头
4—常闭静触头　5—常开静触头

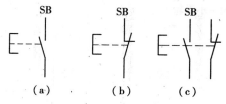

图2.13　按钮开关的图形和文字符号
（a）常开触头　（b）常闭触头　（c）复式触头

行程开关按其结构可分为直动式（如LX1系列）、滚轮式（如LX2系列）和微动式（如LXW-11系列）三类。直动式行程开关的结构与按钮相似，缺点是触头的分合速度取决于机械挡块的移动速度。当挡块移动速度低于0.4 m/min时，因触头断开太慢，易被电弧烧坏，应选用具有瞬动机构的滚轮式（如图2.14所示）或微动式（如图2.15所示）行程开关。其图形文字符号如图2.16所示。

2.1.4　热继电器

热继电器是利用电流的热效应原理来工作的保护电器。它在电路中主要用作三相异步电动机的过载保护。电动机在实际运行中常会遇到过载情况，但只要过载不太严重，绕组不超过允许温升，这种过载是允许的。但若过载时间太长，绕组温升超过允许值，会加速电机绝缘的老化，甚至烧坏绕组。因此，长期运行的电动机都应对其过载进行保护。

热继电器主要由发热元件、双金属片和触头三部分组成。双金属片是热继电器的感测元件，由两种线膨胀系数不同的金属辗压而成。当温度升高时，双金属片向膨胀系数小的金属一面弯曲。

热继电器的工作原理如图2.17所示。发热元件串联于电动机定子绕组电路中。电机正常运转时，热元件发热仅能使双金属片弯曲。当电动机过载时，热元件发热量增加，使双金属片弯曲的位移增大，经一段时间后，双金属片推动导板使其动断触头断开，切断电动机控制电路，使电机停车。热继电器的图形符号见图2.18。

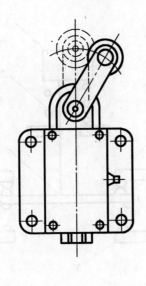

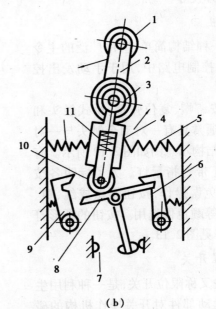

（a）   （b）

图 2.14　滚轮式行程开关

（a）外形图　（b）原理图

1—滚轮　2—上转臂　3,5,11—弹簧　4—套架　6,9—压板

7—触头　8—触间推杆　10—小滑轮

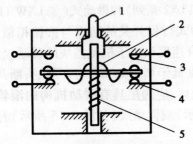

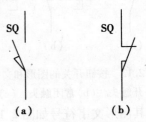

图 2.15　微动行程开关原理图

1—推杆　2—弯形片状弹簧　3—常开触头

4—常闭触头　5—恢复弹簧

图 2.16　行程开关图形符号

（a）动合触头　（b）动断触头

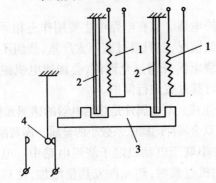

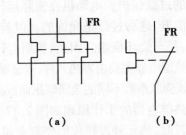

图 2.17　热继电器工作原理示意图

1—热元件　2—双金属片　3—导板　4—触头

图 2.18　热继电器的图形符号

（a）三相热元件　（b）动断触头

· 12 ·

由按钮、接触器、热继电器等电气元件就可组成异步电动机直接启动(单方向运转)控制电路,如图2.19所示。图中 SB1 为停止按钮,SB2 为启动按钮,控制电路中的 KM 动合触头起自锁作用。即当 SB2 按下,线圈 KM 得电,使所有动合触头 KM 闭合,此时手松开 SB2,复位后,线圈通过控制电路中已闭合的动合触头 KM 仍保持通电,使电机正常运转,直到按下 SB1 为止。

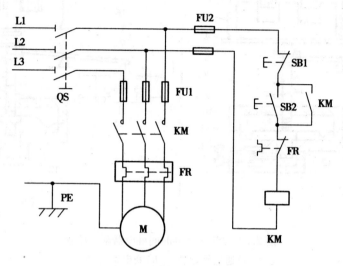

图2.19　异步机直接启动控制电路

2.1.5　时间继电器

凡是继电器感测元件得到动作信号后,其执行元件(触头)要延迟一段时间才动作的电器称为时间继电器。时间继电器种类很多,这里就常用的空气阻尼式及晶体管式时间继电器作简略介绍。

(1)空气阻尼式时间继电器

空气阻尼式时间继电器是利用空气阻尼作用来获得延时的。它由电磁系统、延时机构和触头三部分组成。触头系统采用 LX5 型微动开关,延时机构采用气囊式阻尼器。这类时间继电器可以做成通电延时型,也可做成断电延时型,其动作原理如图2.20所示。现以通电延时型为例说明其工作原理。

当线圈1得电后衔铁3闭合,活塞杆6在弹簧8作用下带动活塞12及橡皮膜10向上移动,橡皮膜下方气室空气变稀形成负压,活塞杆只能缓慢移动,其移动速度由进气孔大小来决定,它可由螺杆13进行调整。经一段延时后,活塞杆通过杠杆7压微动开关15,使其触头动作,起到通电延时作用。

当线圈断电时,衔铁释放,橡皮膜下方气室内的空气通过活塞12肩部所形成的单向阀迅速地排出,使活塞杆、杠杆、微动开关等迅速复位。图中16为瞬时动作的微动开关。

空气阻尼式时间继电器延时范围为 0.4~180 s。它结构简单、价廉而寿命长。但缺点是延时误差大(±10%~±20%),难以精确整定延时值。

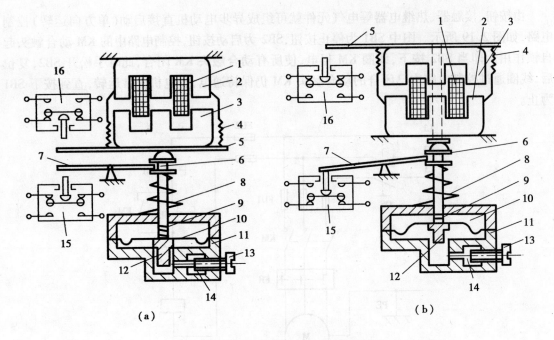

图 2.20 JS7-A 系列时间继电器动作原理

（a）通电延时型　（b）断电延时型

1—线圈　2—铁心　3—衔铁　4—反力弹簧　5—推板　6—活塞杆　7—杠杆　8—塔形弹簧
9—弱弹簧　10—橡皮膜　11—空气室壁　12—活塞　13—调节螺杆　14—进气孔　15,16—微动开关

（2）晶体管式时间继电器

常见的晶体管式时间继电器是利用 RC 电路中电容器充电时，电容器端电压逐渐上升的原理工作的。它具有机械结构简单，延时范围广，调节方便，体积小而经久耐用等优点，因此应用日益广泛。图 2.21 为 JSJ 系列晶体管时间继电器工作原理图。图中 C_1、C_2 为滤波电容。当变压器接上电源时，晶体管 V_{T1} 导通，V_{T2} 截止。此时两个变压器次级绕组串联向 C_4 充电。于是 A 点电位按指数规律升高，当 A 点电位高于 B 点电位时，晶体管 V_{T1} 转为截止而 V_{T2} 导通，

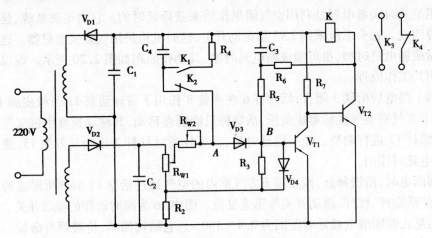

图 2.21 JSJ 系列晶体管时间继电器工作原理图

使灵敏继电器线圈得电,触头动作。在这同时动合触头 K_1 闭合,使 C_4 通过 R_4 放电,为下一次工作作好准备。此电路延时范围为 $0.2 \sim 300$ s,延时长短由 R_{w1} 来调节。

时间继电器的图形符号如图 2.22 所示。

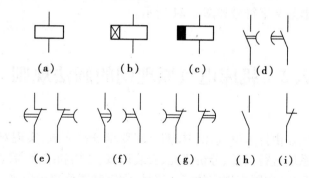

图 2.22 时间继电器的图形符号

(a)线圈一般符号 (b)通电延时线圈 (c)断电延时线圈 (d)延时闭合常开触头
(e)延时断开常闭触头 (f)延时断开常开触头 (g)延时闭合常闭触头
(h)瞬动常开触头 (i)瞬动常闭触头

2.1.6 速度继电器

速度继电器主要用作鼠笼型异步电动机的反接制动控制,亦称反接制动继电器。它由转子、定子、触头三部分组成。转子是一个圆柱形永久磁铁,定子是一个笼型空心圆环,装有笼型绕组,其结构示意图如图 2.23 所示。速度继电器转子的轴与被控制电动机轴相连接,而定子空套在转子上。当电动机转动时速度继电器的转子随之转动,定子内的短路导体切割磁力线而产生感应电流,此电流与转子磁场作用产生转矩,使定子开始转动(顺着转子转动方向)。

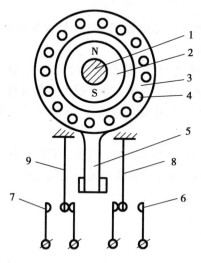

图 2.23 速度继电器原理示意图

1—转轴 2—转子 3—定子 4—绕组 5—摆锤
6,7—静触头 8,9—簧片

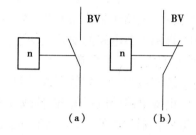

图 2.24 速度继电器图形符号

(a)动合触头 (b)动断触头

转到一定角度时,装在定子上的摆锤 5 推动动触头,使动断触头断开,动合触头闭合。当电机转速低于某一值时,定子转矩下降,使触头复位。常用的速度继电器有 JY1 系列,一般速度继电器动作转速为 120 r/min,触头复位转速在 100 r/rain 以下。

速度继电器的图形与文字符号如图 2.24 所示。

2.2　机床电气原理图的画法规则

机床电气控制系统是由许多电气元件按照一定要求联接而成,实现对机床的电气自动控制。为了便于对控制系统进行设计、分析研究、安装调试、使用和维修,需要将电气控制系统中各电气元件及其相互联接,用国家规定的统一符号、文字和图形表示出来。这种图就是电气控制系统图。电气控制系统图一般有三种:电气原理图、电器位置图、电气互联图。下面着重介绍电气原理图的绘制。

根据机电总体设计要求和《GB 4728—84》、《GB 7159—87》、《GB 6988—86》等规定的标准绘制的电路图是为了便于阅读和分析各种电气控制系统功能的。依据简单、清晰的原则,原理图采用电气元件展开的形式绘制。它包括所有电气元件的导电部件和接线端点,但并不按照电气元件的实际位置来绘制,也不反映电气元件的大小。

2.2.1　绘制原理图的原则与要求

①电器应是未通电时的状态;二进制元件应是置零时的状态;机械开关应是循环开始前的状态。

②动力电路、控制和信号电路应分别绘出:

动力电路——电源电路绘成水平线;受电的动力设备(如电动机等)及其保护电器支路,应垂直电源电路画出。

控制和信号电路——应垂直地绘于两条水平电源线之间,耗能元件(如线圈、电磁铁、信号灯等)应直接连接在接地或下方的水平电源线上,控制触头连接在上方水平线与耗能元件之间。

③用导线直接连接的互连端子,因其电位相同,故应采用相同的线号,互连端子的符号应与器件端子的符号有所区别。

④无论主电路还是辅助电路,各件一般应按动作顺序队上到下、自左至右依次排列。

⑤原理图上各电路的安排应便于分析、维修和寻找故障,对功能相关的电气元件应绘制在一起,使它们之间关系明确。

⑥原理图应注出下列数据或说明。

a.各电源电路的电压值、极性或频率及相数;

b.某些元器件的特性(如电阻、电容器的数值等);

c.不常用的电器(如位置传感器、手动触头、电磁阀或气动阀、定时器等)的操作方法和功能。

⑦原理图中有直接电联系交叉导线连接点,用实心圆点表示。可拆接或测试点用空心圆点表示。无直接电联系的交叉点则不画圆点。

⑧对非电气控制和人工操作的电器,必须在原理图上用相应的图形符号表示其操作方式及工作状态。由同一机构操作的触头,应用机械连杆符号表示其联动关系。各个触头的运动方向和状态,必须与操作件的动作方向和位置协调一致。

⑨对与电气控制有关的机、液、气等装置,应用符号绘出简图,以表示其关系。

图 2.25 为 CA6140 车床电气原理图。

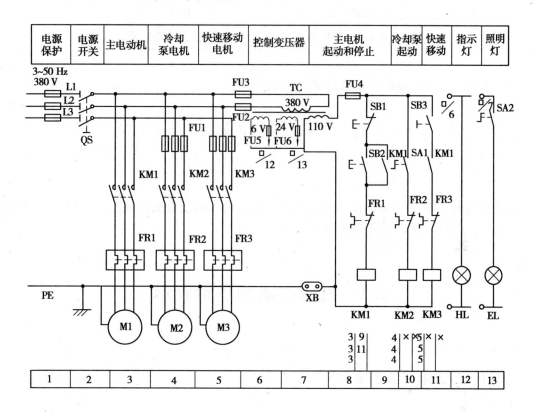

图 2.25　CA6140 车床电气原理图

2.2.2　图面区域的划分

为了便于检索电气线路,方便阅读电气原理图,应将图面划分为若干区域。图区的编号一般写在图的下部。图的上方设有用途栏,用文字注明该栏对应的下面电路或元件的功能,以利于理解原理图各部分的工作原理。

2.2.3　符号位置索引

由于接触器、继电器的线圈和触头在电气原理图中不是画在一起,而触头是分布在图中所需的各个图区。为了读图方便,在接触器、继电器线圈的下方画出其触头的索引表。

对于接触器,索引表中各栏含义如下:

左栏	中栏	右栏
主触头所在图区号	辅助动合触头所在图区号	辅助动断触头所在图区号

对于继电器,索引表中各栏含义如下:

左栏	右栏
动合触头所在图区号	动断触头所在图区号

例如在图 2.25 中,接触器 KM1 下的索引表为:

3	9
3	11
3	

表示接触器 KM1 有三对主触头均在图区 3 内。有两对动合辅助触头,一对在图区 9 内,另一对在图区 11 内。没有使用辅助动断触头。

2.3　机床电路的逻辑表示

2.3.1　机床电器的逻辑表示

为了运用逻辑代数这一数学工具来分析机床电路某一部分的工作情况,一般对电路状态与逻辑函数式之间的对应关系作如下规定:

①用 KA,KM,SQ,…分别表示继电器、接触器、行程开关的动合(常开)触头;用 $\overline{KA}$,$\overline{KM}$,$\overline{SQ}$,…表示其动断(常闭)触头。

②电路中开关元件受激状态(接触器、继电器线圈得电,按钮和行程开关处于受压状态)为"1"状态;而元件的原始状态(继电器线圈失电,按钮等未受压)为"0"状态。

2.3.2　逻辑代数的基本逻辑关系及串、并联电路的逻辑表示

在逻辑代数中常用大写字母 A,B,…表示逻辑变量。

基本逻辑关系有三种:逻辑和、逻辑乘、逻辑非。这和门电路中的"或"、"与"、"非"门相对应。

(1)逻辑和——表示变量间"或"的关系

其公式:$f = A + B$

表示变量中 A 取 1 或 B 取 1 时函数 f 就为 1。这种情况与电路中的触头并联相对应,如图 2.26 所示。在图中只要开关 A 或 B 中有一个接通,线圈 f 就得电。

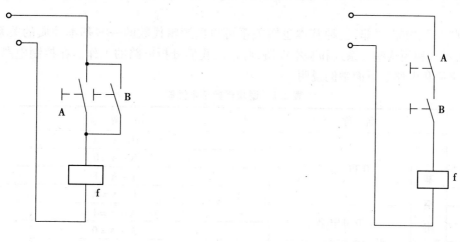

图 2.26　并联电路　　　　　　　　　　　　　　图 2.27　串联电路

（2）逻辑乘——表示变量间"与"的关系

其公式:$f = A \cdot B$

变量中只有 A 和 B 同时取 1 时函数 f 才取 1,其他情况下 f 都取 0。这种情况与电路中两个触头串联相对应,如图 2.27 所示。在图中只有当开关 A 与 B 同时接通时,线圈 f 才得电。

（3）逻辑"非"——表示变量相反(否定)关系

若变量 $A = 0$,则 $\overline{A} = 1$。在电路中若变量 A 表示电器的动合触头,那 $\overline{A}$ 就表示它的动断触头。

由前述可知:开关元件本身的"1"(线圈得电)、"0"状态和它的动合触头的"1"(动合触头闭合)、"0"状态一致,而与其动断触头的"1"、"0"状态相反。

有了上述的规定和基本逻辑关系,我们就可以应用逻辑代数这一工具对电路进行描述和分析。具体步骤是:以某一控制电器的线圈为对象,写出与此对象有关的电路中各控制元件、信号元件、执行元件、保护元件等,它们触头间相互联接关系的逻辑函数表达式(均以未受激时的状态来表示)。有了各个电气元件(以线圈为对象)的逻辑表达式后,当发出主令控制信号时(如按一下按钮或某开关动作),我们可分析判断哪些逻辑表达式输出为"1"(表示那个电器线圈得电),哪些表达式由"1"变为"0"。从而可进一步分析哪些电动机或电磁阀等运行状态改变,使机床各运动部件的运行发生何种变化等。

图 2.25 中电动机 M1 控制电路中,接触器线圈 KM1 的逻辑表达式为

$$f(\text{KM1}) = \overline{\text{SB1}}(\text{SB2} + \text{KM1})\overline{\text{FR1}}$$

也可用下述方式表示,即

$$\text{KM1} = \overline{\text{SB1}}(\text{SB2} + \text{KM1})\overline{\text{FR1}}$$

上式表示接触器 KM1 线圈的得电与失电由停止按钮 $\overline{\text{SB1}}$、启动按钮 SB2、热继电器 $\overline{\text{FR1}}$ 和自锁触头 KM1 控制。

2.3.3 逻辑代数的基本性质及其应用举例

根据"与"、"或"、"非"三种基本逻辑关系可得出逻辑代数的一些基本性质的关系式,如表2.1所示。利用这些关系式和基本性质,可帮助我们分析电路的工作。在控制电路的设计中,可用来简化电路。下面举例说明。

表2.1　逻辑代数基本性质

序　号	名　　称		恒　等　式
1	基本定律	0和1定则	$0 + A = A$
2			$0 \cdot A = 0$
3			$1 + A = 1$
4			$1 \cdot A = A$
5		互补定律	$A + \overline{A} = 1$
6			$A \cdot \overline{A} = 0$
7		同一定律	$A + A = A$
8			$A \cdot A = A$
9		反转定律	$\overline{\overline{A}} = A$
10	交换律		$A + B = B + A$
11			$A \cdot B = B \cdot A$
12	结合律		$(A + B) + C = A + (B + C)$
13			$(A \cdot B) \cdot C = A \cdot (B \cdot C)$
14	分配律		$A \cdot (B + C) = AB + AC$
15			$(A + B)(A + C) = A + BC$
16	吸收律		$A + AB = A$
17			$A \cdot (A + B) = A$
18			$A + \overline{A}B = A + B$
19			$A \cdot (\overline{A} + B) = AB$
20	摩根定律		$\overline{A + B + C + \cdots} = \overline{A} \cdot \overline{B} \cdot \overline{C} \cdots\cdots$
21			$\overline{A \cdot B \cdot C \cdots} = \overline{A} + \overline{B} + \overline{C} + \cdots\cdots$

有一电路如图2.28(a)所示,用逻辑表达式化简该电路。

写出(a)图逻辑表达式:

$$f = A(BC + \overline{BC}) + A(B\overline{C} + \overline{B}C)$$

化简

$$f = ABC + A\overline{B}\,\overline{C} + AB\overline{C} + A\overline{B}C = AB(C + \overline{C}) + A\overline{B}(\overline{C} + C) = AB + \overline{A}B = A$$

化简后的电路图如图2.28(b)图所示。

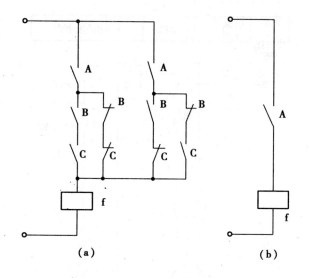

图 2.28　电路化简
（a）化简前　（b）化简后

2.4　异步电动机启动、正反转、制动电路

2.4.1　异步电动机的启动电路

在供电变压器容量足够大和负载能承受较大冲击时,异步电机可直接启动,否则应采用降压启动方式。

（1）直接启动控制电路

①对小型台钻、冷却泵、砂轮机等可以用开关直接启动。如图 2.7 所示。

②对中小型普通车床,摇臂钻床、牛头刨床等的主电机,可采用接触器直接启动。如图 2.29所示。

图中 SB1 为停止按钮,SB2 为启动按钮,热继电器 FR 作过载保护,熔断器 FU1、FU2 作短路保护。

（2）降压启动控制电路

对于较大容量的电动机或负载,在启动过程中要求冲击较小的场合,都应采用降压启动。机床中最常见的降压启动是星-三角形降压启动和定子串电阻降压启动这两种。

1）星-三角形(Y-△)降压启动控制电路

这种启动方式仅适用在电动机正常运行时绕组为三角形连接的三相异步电动机。在启动时把绕组改接成星形连接,待启动完毕后复原成三角形接法而正常运行。图 2.30 是利用时间继电器在电机启动过程中自动完成星-三角形切换的启动控制电路。

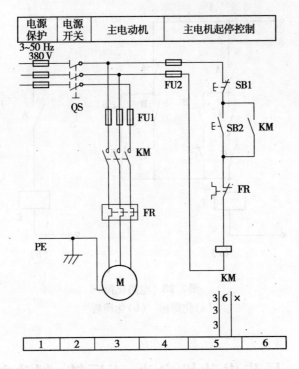

电源保护	电源开关	主电动机	主电机起停控制

图 2.29　用接触器直接启动电器

控制电动机 M 启动及正常运行的逻辑表达式为：

$$
\left.
\begin{aligned}
KM1 &= \overline{FR} \cdot \overline{SB1}(SB2 + KM1) \\
KT &= \overline{FR} \cdot \overline{SB1}(SB2 + KM1)\,\overline{KM2} \\
KM3 &= \overline{FR} \cdot \overline{SB1}(SB2 + KM1)\,\overline{KM2} \cdot \overline{KT} \\
KM2 &= \overline{FR} \cdot \overline{SB1}(SB2 + KM1) \cdot \overline{KM3}(KT + KM2)
\end{aligned}
\right\}
\tag{2.1}
$$

从式(2.1)及图 2.30 可见，按下 SB2 后，接触器 KM1 得电并自锁。在这同时，KT、KM3 也得电。电机 M 在触间 KM1，KM3 闭合下，以星形接法启动。KT 为通电延时型时间继电器，在其线圈得电后，触间要经过一段时间延迟（延迟时间可调整）才动作。$\overline{KT}$断开（KT 闭合），KM3 失电复原。此时 KM2 得电，电机 M 绕组接成三角形投入正常运转。

从电机主电路看，接触器 KM2 与 KM3 是绝不允许同时闭合的，不然会引起电源短路故障。为此在控制电路中分别把 KM2、KM3 的动断触间串联到对方线圈电路中，以实现一个接触器动作后就切断另一个接触器的线圈电路。这种措施称为两个接触器在电气方面互相联锁，简称互锁。

在电机星-三角形启动过程中，绕组的自动切换由时间继电器 KT 延时动作来控制的。这种控制方式称为按时间原则控制，它在机床自动控制中得到广泛应用。KT 延时的长短应根据启动过程所需时间来整定。

2)定子串电阻降压启动控制电路

由于 Y-△ 启动只适用于正常运转时为△接法的电动机，故对于运转时 Y 接法的电动机常采用定子绕组串电阻降压启动的方式。图 2.31 是按时间原则控制的定子串电阻的降压启动电路图。

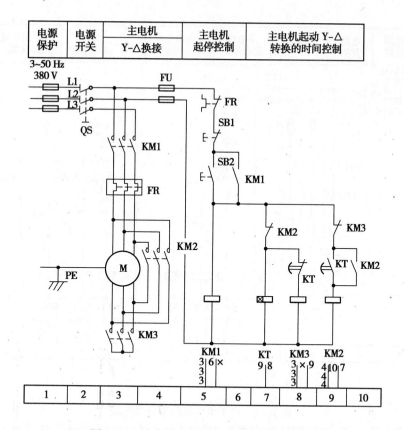

电源 保护	电源 开关	主电机 Y-△换接		主电机 起停控制	主电机起动 Y-△ 转换的时间控制

图 2.30　异步电动机星-三角降压启动电路

由图 2.31 主电路可知,KM1 闭合时电机 M 串联降压电阻 R 启动。当 KM2 闭合时,则把电阻短接,投入全压运转。

电机定子串电阻降压启动的逻辑表达式,

在图 2.31(a)中:

$$\left.\begin{array}{l} KM1 = \overline{FR} \cdot \overline{SB1}(SB2 + KM1) \\ KT = \overline{FR} \cdot \overline{SB1}(SB2 + KM1) \\ KM2 = \overline{FR} \cdot \overline{SB1}(SB2 + KM1)KT \end{array}\right\} \qquad (2.2)$$

在图 2.31(b)中:

$$\left.\begin{array}{l} KM1 = \overline{FR} \cdot \overline{SB1}(SB2 + KM1)\overline{KM2} \\ KT = \overline{FR} \cdot \overline{SB1}(SB2 + KM1)\overline{KM2} \\ KM2 = \overline{FR} \cdot \overline{SB1}\left[(SB2 + KM1)KT + KM2\right] \end{array}\right\} \qquad (2.3)$$

由式(2-2)、式(2-3)可知,当按下 SB2 后,接触器 KM1 得电并自锁。同时时间继电器 KT 也得电,经延时后 KT 动合触头闭合,使 KM2 得电,串联于定子绕组中的电阻自动切除,电机进入全压运转。

从控制电路看图 2.31(a)、(b)不同之处在于(a)图中 KM2 得电,电机正常全压运转后,KT 及 KM1 线圈仍然有电,这是不必要的。而(b)图的控制电路利用 KM2 的动断触头切断了 KT 及 KM1 线圈电路,克服了上述缺点。

除上述为限制启动电流和机械冲击的降压启动方法外,还有自耦变压器降压启动,它需要

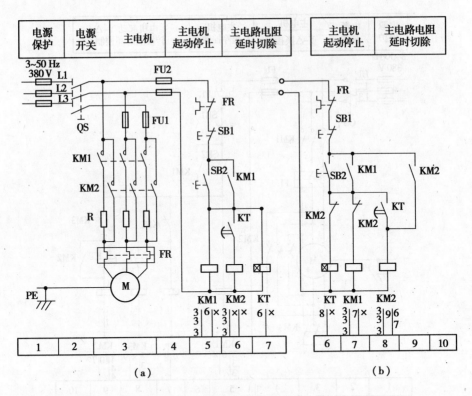

图 2.31 定子串电阻降压启动电路

专门的三相自耦变压器,使控制装置成本高而体积大。对于绕线式异步电动机的启动过程还可以在转子中串联电阻来限制启动电流,由于这类电路在机床中极少采用,故从略。

2.4.2 异步电动机正反转控制电路

机床工作台的前进与后退,主轴的正反转,起重机吊钩的升与降等,可以由多种方法来实现,而利用电动机的正、反转方式最为常见。由三相异步机工作原理可知,只要将接至电动机的三相电源线中任意两相对调,即可使电机反转。由于所采用的主令电器不同,控制方式可分为按钮控制和行程开关控制这两大类。

(1)异步电动机正反转的按钮控制

图 2.32 为电机正反转按钮控制的典型电路,从主电路看,两个接触器 KM1 与 KM2 触头接法不同,因此当 KM2 触头闭合时,引入电机的电源线左、右两相互换、改变了相序,使电机转向改变。

从图中也可看出 KM1 和 KM2 触头不允许同时闭合,否则会引起电源两相短路。为防止接触器 KM1 与 KM2 同时接通,在各自的控制电路中串接对方的动断触头,构成互锁关系。

从控制电路图 2.52(a)看,电机正转时,按下 SB2 使 KM1 得电并自锁。此时按下 SB3 也不能使接触器 KM2 得电。电机要反转时,必须先按下停止按钮 SB1,使 KM1 失电,其动断触头闭合,然后再按下 SB3,KM2 才能得电,使电机反转,因此亦可称这种电路为停车反转控制电路。

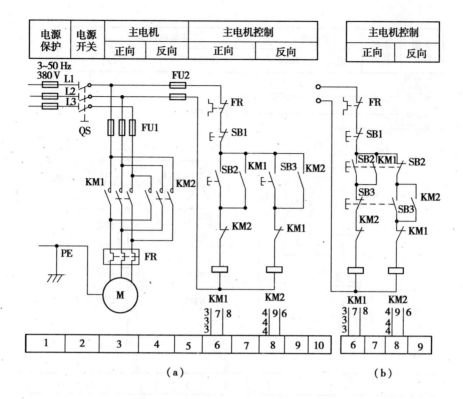

电源保护	电源开关	主电机		主电机控制		主电机控制	
		正向	反向	正向	反向	正向	反向

图 2.32　异步电动机正反转控制电路

图 2.52(b)是利用复合按钮的动断触头分别串接于对方接触器控制电路中,不必使用停止按钮过渡而直接控制正反转。这种电路亦称为直接正反转控制电路。但要注意这种直接正反转控制仅用于小容量电动机,拖动的机械装置转动惯量又较小的场合。

（2）电动机正反转的行程开关控制

图 2.33 为行程开关控制的正反转电路,它与按钮控制直接正反转电路相似,只是增加了行程开关的复合触头 SQ1 及 SQ2。它们适用于龙门刨、铣床、导轨磨床等工作部件往复运动的场合。

这种利用运动部件的行程来实现控制的称为按行程原则的自动控制。

图中行程开关 SQ3,SQ4 是用作极限位置保护的。当 KM1 得电,电机正转,当运动部件压下行程开关 SQ2 时,应该使 KM1 失电,而接通 KM2,使电机反转。但若 SQ2 失灵,运动部件继续前行会引起严重事故。若在行程极限位置设置 SQ4（SQ3 装在另一极端位置）,则当运动部件压下 SQ4 后,KM1 失电而使电机停止。这种限位保护的行程开关在行程控制电路中必须设置。

2.4.3　异步电动机的制动电路

异步电机从切除电源到停转有一个过程,需要一段时间。对于要求停车时精确定位或尽可能减少辅助时间的机床,必须采取制动措施。机床上制动停车的方式有两大类——机械制动和电气制动。机械制动是利用机械或液压制动装置制动。电气制动是由电动机产生一个与

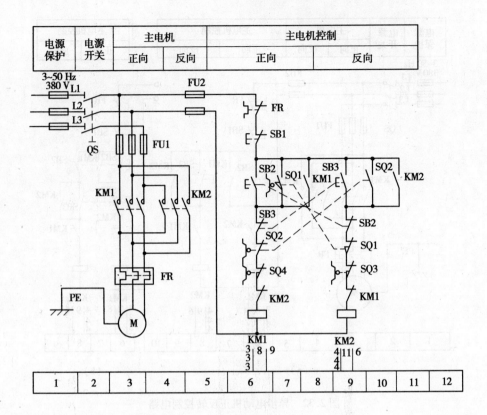

电源保护	电源开关	主电机		主电机控制	
		正向	反向	正向	反向

1	2	3	4	5	6	7	8	9	10	11	12

图2.33 行程开关控制的正反向电路

原来旋转方向相反的力矩来实现制动。在机床中常用的电气制动方式有能耗制动和反接制动。

(1)能耗制动控制电路

异步电机刚切除三相电源后,立即在定子绕组中接入直流电源,转子切割恒定磁场产生感应电流与恒定磁场的作用产生制动力矩,使电机高速旋转的动能消耗在转子电路中,这种制动方式称为能耗制动。当转速降为零时,切除直流电源,制动过程完毕。

图2.33(a)、(b)分别是用复合按钮手动控制的及由时间继电器按时间原则自动控制的能耗制动电路。

在图2.34(a)中,电机正常运转时,按下停止按钮SB1,KM1失电的同时,接通KM2,其动合触头闭合,把整流电路与定子绕组接通,进行能耗制动。当转速降为零时,手松开SB1按钮,KM2失电而切断直流电源,能耗制动过程结束。

用复合按钮控制能耗制动的逻辑表达式为:

$$\left. \begin{array}{l} KM1 = \overline{FR} \cdot \overline{SB1}(SB2 + KM1)\overline{KM2} \\ KM2 = \overline{FR} \cdot SB1 \cdot \overline{KM1} \end{array} \right\} \tag{2.4}$$

图2.34(b)是采用时间继电器KT按时间原则自动控制能耗制动过程的电路,它仍用接触器KM2接通直流电源进行能耗制动,由时间继电器KT的动断触头来控制能耗制动过程的时间,动断触头断开时切断KM2电源,制动过程结束,同时KT也失电。

用时间继电器控制能耗制动的逻辑表达式为:

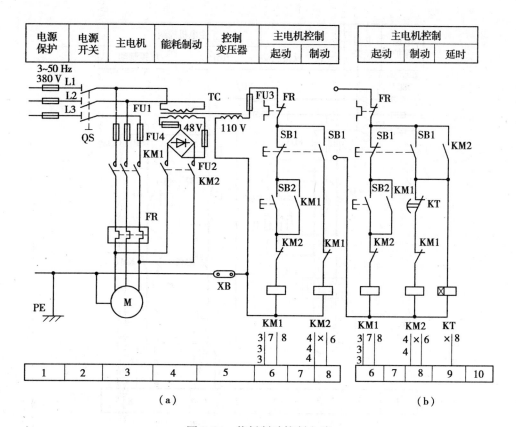

电源保护	电源开关	主电机	能耗制动	控制变压器	主电机控制		主电机控制		
					起动	制动	起动	制动	延时

（a）　　　　　　　　　　　　　（b）

图 2.34　能耗制动控制电路

$$\left.\begin{array}{l}KM1 = \overline{FR} \cdot \overline{SB1}(SB2 + KM1)\overline{KM2} \\ KM2 = \overline{FR}(SB1 + KM2)\overline{KT} \cdot \overline{KM1} \\ KT = \overline{FR}(SB1 + KM2)\end{array}\right\} \qquad (2.5)$$

制动作用的强弱与通入定子绕组直流电流的大小及电机的转速有关,转速高、电流大则制动作用强,一般通入定子绕组的直流电流约为空载电流的 3～4 倍较为合适。

能耗制动比较缓和,制动产生的机构冲击对机床无大的危害,能取得较好的制动效果,因此在机床上应用较多。

（2）反接制动控制电路

反接制动是利用改变异步电动机定子绕组上三相电源的相序,使定子产生反相旋转磁场作用于转子而产生强力制动力矩。

由于直接反接制动时,转子与旋转磁场的相对转速接近同步转速的两倍,所以定子绕组中流过的反接制动电流也相当于全压启动时电流的两倍。因此直接反接制动特点之一是制动迅速而冲击大,它仅用于小容量电动机上。为了限制电流和减小机械冲击,通常在反接制动时定子电路中串接适当电阻的办法,如图 2.35 中的 R。另外反接制动特点之二是电机在制动力矩作用下转速下降到接近零时,应及时切除电源以防止电动机的反向再启动。

图 2.35 为采用速度继电器 BV 按速度原则控制的反接制动电路。从主电路看,KM1 得电时电机正常运转,此时速度继电器 BV 的动合触头闭合,为反接制动作好准备。停车时 KM1 失电后 KM2 立即合上,使电机定子绕组经电阻 R 后与反相序的电源接通,进行反接制动。

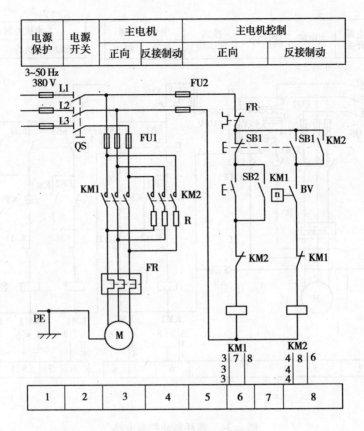

电源保护	电源开关	主电机		主电机控制	
		正向	反接制动	正向	反接制动

图 2.35　反接制动控制电器

电动机与速度继电器转子是同轴联接的,当电动机转速达到 120 r/min 以上时,速度继电器动合触头 BV 闭合,而当电动机转速小于 100 r/min 时,速度继电器动合触头 BV 断开。利用这一特性可使电动机反接制动转速接近零时切断电源,防止反向再启动。反接制动过程的结束由电动机转速来控制,这种由速度达到一定值而发出转换信号的控制称为按速度原则的自动控制。

反接制动控制电路的逻辑表达式为

$$\left.\begin{array}{l} KM1 = \overline{FR} \cdot \overline{SB1}(SB2 + KM1)\overline{KM2} \\ KM2 = \overline{FR}(SB1 + KM2)BV \cdot \overline{KM1} \end{array}\right\} \tag{2.6}$$

由式(2.6)可看出,电机转速达到 120 r/min 时 BV = 1,此时按下停止按钮$\overline{SB1}$ = 0,KM1 失电,同时$\overline{KM1}$ = 1,SB1 = 1,使 KM2 得电并自锁,进行反接制动。而转速下降到 100 r/min 以下时 BV = 0,使 KM2 失电,反接制动完毕。

反接制动的制动电流大,制动力矩大,制动迅速,但在制动过程中对传动机构冲击较大。另外在速度继电器动作不可靠时,还会引起反向再启动。因此这种反接制动方式常用于不频繁启动,及制动时对停车位置无准确要求而传动机构能承受较大冲击的设备中。如用于铣床、镗床、中型车床等的制动。

2.5 其他基本控制电路

下面讨论的电路除双速电机的调速控制电路只适用于三相异步机外,其他各电路对各类电机的控制均适用。

2.5.1 连续工作(长动)与点动控制

机床在正常加工时需要连续不停的工作,即所谓长动。而点动则是指手按下按钮时,电动机转动工作,手松开按钮时,电动机立即停止工作。点动用于机床刀架、横梁等的快速移动,机床的调整对刀等。

图2.36分别为实现长动与点动的各个电路。(a)图为用按钮实现长动与点动的控制电路;(b)图为用开关SA实现长动与点动转换的控制电路;(c)图为利用中间继电器KA实现长动与点动的控制电路。

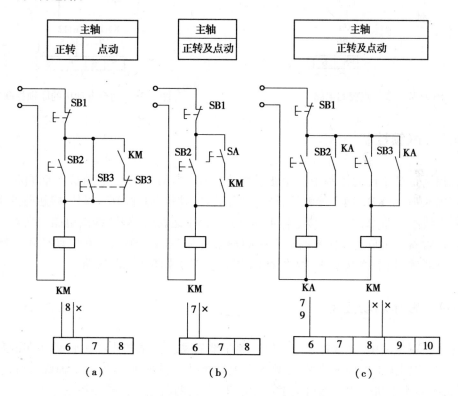

图2.36 长动与点动控制电路

长动与点动的主要区别是控制电器能否自锁。

2.5.2 多点控制

在较大型机床设备中,为了操作方便,常要求能在多个地点进行控制,实现的方法是将分散在各操作站上的启动按钮引线并联起来,停上按钮的引线作串联联接。图2.37为三处操作站对同一电动机进行启动、停止控制的电路,SB1是急停按钮,用于紧急情况下停车操作。

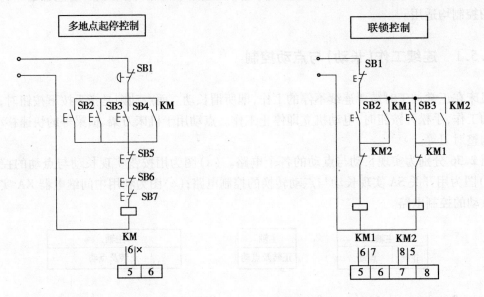

图2.37 多地点控制电路 、 图2.38 两台电动机的联锁控联制

2.5.3 联锁控制

联锁控制是机床自动控制中一个很重要的环节,如两(多)台电动机不准同时工作。图2.38所示用KM1和KM2两个接触器分别控制两台电动机M1和M2。利用接触器的动断触头串接于对方线圈电路中,当一个接触器KM1得电,M1运转时,KM2线圈电路被切断,M2就不能工作。接触器中担负这一任务的动断触间通常称为"联锁"触头。在电动机正反转控制中常用到这种联锁(以前称互锁,联锁的含义更广泛一些)来防止电源短路。

2.5.4 顺序启动控制

在机床控制电路中,经常要求电动机有顺序地启动。如某些机床主轴必须在油泵工作后才能工作;龙门刨床工作台移动时,导轨内必须有充足的润滑油;铣床的主轴旋转后,工作台方可移动等,都要求电机有顺序地启动工作。图2.39为两台电动机顺序控制电路。

接触器KM1控制油泵电机的起、停,保护油泵电机的热继电器是FR1。KM2及FR2控制主轴电机的启动、停车与过载保护。从图2.39可见,只有KM1得电,油泵电机启动后,KM2才有可能得电,使主轴电机启动。停车时,主轴电机可单独停止,但若油泵电机停车时,则主轴电机立即停车。(a)、(b)图的控制功能是相同的。

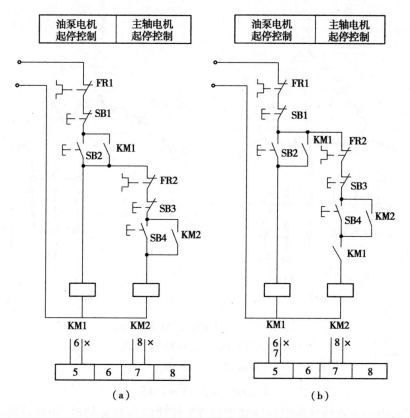

图 2.39 两台电动机的顺序启动控制

2.5.5 双速异步电动机的调速控制

根据电机转速公式:

$$n = (1 - S)n_0 = (1 - S)\frac{60f}{p}$$

当电源频率 f 一定时,若改变电动机定子绕组的磁极对数 p,就可使电动机转速改变。常见的双速电动机绕组接线方式有 △/YY 及 Y/YY 两种。

采用双速电机可改善机床的调速性能,简化变速机构,因此在车床、铣床、镗床中都有应用。

(1) △/YY 接法

图 2.40(a)为双速电动机 △/YY 接法电路图。当绕组的 1,2,3 号出线端接电源,而使 4,5,6 号出线端悬空时,电机绕组接成三角形(四极)作低速运转。如果把 1,2,3 号端子短接,4,5,6 号端子接电源时,电动机绕组接成双星形(两极)电机作高速运转。

在三角形与双星形转换时,电动机输出功率分别为:

$$P_{\triangle} = \sqrt{3} \cdot U_{\text{L}} \cdot I_{\text{L}} \cos \Phi_{\triangle}$$

$$P_{\text{YY}} = \sqrt{3}\frac{U_{\text{L}}}{\sqrt{3}} \cdot 2I_{\text{L}} \cos \Phi_{\text{YY}}$$

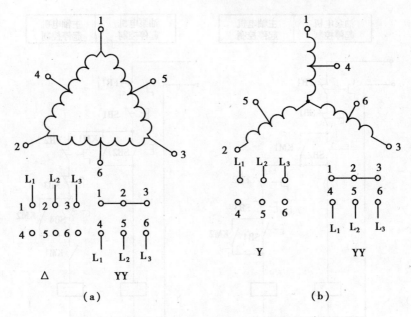

图 2.40　双速电动机三相绕组接法

(a)△/YY 接法　(b)Y/YY 接法

由于
$$\cos \Phi_\triangle \approx \cos \Phi_{YY}$$
$$P_{YY}/P_\triangle = 2/\sqrt{3} = 1.15$$

由此可知,电机从△接法的低速运转变成 YY 接法的高速运转时,转速升高一倍,而功率只增加 15%,所以这种调速方法可近似地看成恒功率调速。它很适合一般金属切削机床对调速的要求。

(2)Y/YY 接法

图 2.40(b)为 Y/YY 接法,当电机转速增加一倍(YY 接法)时,输出功率也增加一倍,属于恒转矩调速。它适用于电梯、起重机、皮带运输机等要求恒转矩调速的场合。图 2.41 为机床上常用的双速电动机△/YY 调速控制电路图。图 2.41(a)是用两个按钮 SB2 及 SB3 分别控制 KM1 及 KM2,KM3,实现低速与高速转换的控制电路,其逻辑表达式为

$$\triangle \text{接法} \quad KM1 = \overline{FR} \cdot \overline{SB1}(SB2 + KM1)\overline{SB3} \cdot \overline{KM2}$$
$$YY \text{接法} \quad KM2 = \overline{FR} \cdot \overline{SB1}\,\overline{SB2}(SB3 + KM2) \cdot \overline{KM1} \left.\right\} \quad (2.7)$$
$$KM3 = \overline{FR} \cdot \overline{SB1} \cdot \overline{SB2}(SB3 + KM2) \cdot \overline{KM1}$$

图 2.41(b)是用转换开关 SA 来选择低、高速方式后,由按钮 SB2 发令启动电机的控制电路,其逻辑表达式为

$$\triangle \text{接法} \quad KM1 = \overline{FR} \cdot \overline{SB1}(SB2 + KM1 + KM2)\overline{SA} \cdot \overline{KM2}$$
$$YY \text{接法} \quad KM2 = \overline{FR} \cdot \overline{SB1}(SB2 + KM1 + KM2)SA \cdot \overline{KM1} \left.\right\} \quad (2.8)$$
$$KM3 = \overline{FR} \cdot \overline{SB1}(SB2 + KM1 + KM2)SA \cdot \overline{KM1}$$

图 2.41(c)是用开关 SA 转换高、低速控制电路。采用时间继电器 KT,在选择高速时按时间原则自动控制电动机低速启动,经延时后转换到高速运行。

上述三个控制电路中,低速与高速之间都用接触器动断触头互锁,以防短路故障。

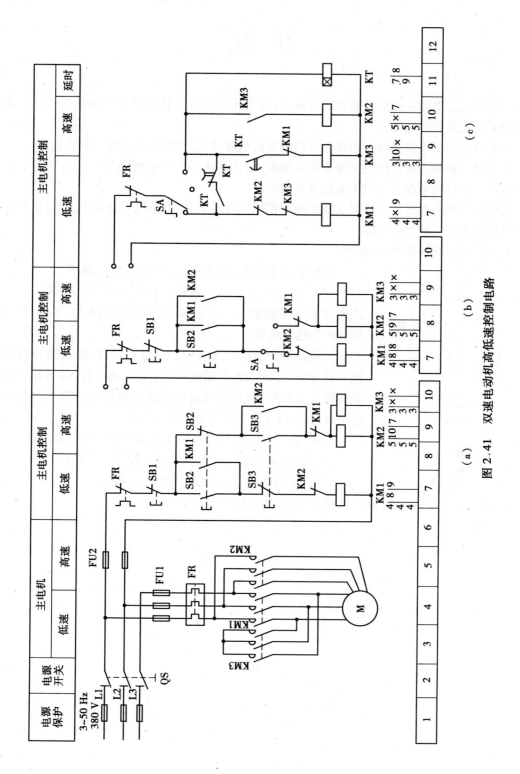

图 2.41 双速电动机高低速控制电路

对于功率较小的双速电动机可采用(a)图和(b)图的控制方式,对于容量较大的双速电动机,可采用(c)图的控制方式。

习　题

1. 单相交流电磁铁短路环断裂或脱落后,在工作中会发生什么现象? 为什么? 三相交流电磁铁是否也要装短路环?

2. 交流接触器线圈误接入同样电压值的直流电源时,会发生什么问题? 为什么?

3. 既然三相异步电动机主电路中装有熔断器,为什么还要装热继电器? 可否二者中任选一种装上? 在什么情况下可以不装热继电器?

4. 交流接触器在运行中有时线圈断电后衔铁仍掉不下来,电动机不能停车,这时应如何处理? 故障在哪里? 应如何排除?

5. 用逻辑式化简图 2.42 电路。

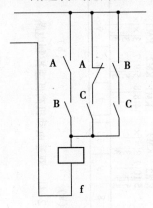

图 2.42

6. 按下列逻辑表达式画出,它所表征的电路图。
$$f_{(KM)} = \left[SA \cdot KA1 + KM(KA1 + \overline{KA2}) \right] \cdot FR$$
式中,KM 为接触器,SA 为手操作转换开关,KA1,KA2 为继电器,FR 为热继电器。

7. 设计一个控制电路来控制三台电动机,要求第一台电动机启动 10 s 后,第二台电动机自动启动。再运行 5 s 后第一台电动机停止运转的同时,第三台电动机开始启动。第三台电动机启动并运转 15 s 后电动机全部停止运转。

8. 为两台异步电动机设计一个控制电路,具体要求是:

1)两台电动机能互不影响地独立操作启动和停车。

2)能同时控制两台电动机的启动与停止。

3)当一台电动机发生过载时,两台电动机同时停车。

第3章 常用机床电路分析

本章将介绍几台常用典型机床控制电路,以使读者学会分析整台机床的电气控制原理、提高阅图能力,加深对基本控制电路的认识。

为便于理解,本章尝试将机床电气原理图同该机床上的按钮、操作手柄的实际位置对照起来阐述,但是不同厂家生产的机床即使同型号,其按钮位置及数量也不尽相同,故所提供的外观电器位置图仅供参考。

一般来讲,机床的电气电路可分为三部分:主电路,控制电路及信号电路。阅读电路图时,先从主电路入手,了解电机的动作要求。分析控制电路时,可把它分解为各种基本电路或局部电路,即化整为零,最后再统观整个电路,注意各基本电路之间的联锁关系及主电路、控制电路之间的对应关系。

3.1　普通车床电气控制电路

普通车床为最常见的一种机床,因其运动路线少,控制电路较简单。

车床的主运动为主轴回转运动,刀架的移动为进给运动。车削加工一般不要求反转,但在加工螺纹时,为避免乱扣,需要反转退刀,并保证工件的转速与刀具的移动速度之间具有严格的比例关系,因而溜板箱与主轴箱之间通过齿轮传动系统连接,刀架移动与主轴旋转由同一台电机拖动。为减轻工人的劳动强度,有些中小型车床已采用快速移动电机使刀架能够快速移动。

车床的调速一般仍采用变速箱,车床主运动转向的改变,一是用离台器的方法,另一种用电气的方法。车床主运动的制动方式有两种,一是机械制动,另一种是电气制动。此外,每台机床都有冷却液泵。

3.1.1　CA6140 普通车床控制电路

图 3.1 为 CA6140 普通车床的外观图,图 2.25 为其电气原理图,CA6140 的电气元件见表3.1。

从图 3.1 可看出,车床刀架处有两个按钮,分别为主电机启动、停止按钮,快速电机按钮在车床十字手柄端部,以上三按钮对应图 2.25 电气原理图中的 SB1,SB2,SB3。

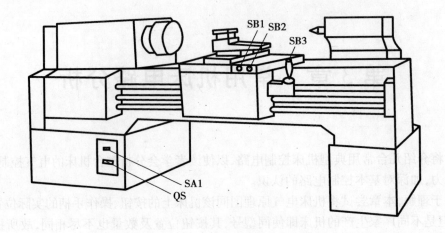

图 3.1　CA6140 车床外观图

表 3.1　CA6140 普通车床电气元件表

符　　号	名称及用途
M1	主电机
M2	冷却泵电机
M3	快速移动电机
QS	电源引入开关
KM1	主电机起停接触器
KM2	冷却泵电机起停接触器
KM3	快速移动电机起停接触器
SB1	主电机停止按钮
SB2	主电机启动按钮
SB3	快速电机按钮
SA1	冷却泵电机转换开关
SA2	照明灯转换开关
FR1 ~ FR3	热继电器
FU1 ~ FU6	熔断器
TC	控制变压器
HL	指示灯
EL	照明灯

从电气原理图可看出,该机床有三台电机:主电机 M1,冷却泵电机 M2,快速移动电机 M3。SB1,SB2 按钮用于控制主电机 M1 的停止,启动。M1 电机的正、反转用中间齿轮实现。SB3 按钮点动控制快速电机 M3。SA1 转换开关(旋钮)控制冷却泵电机 M2,SA2 控制照明灯 EL。QS,SA1 设置在主轴箱下的床脚上。

3.1.2　CM6132 普通车床控制电路

图 3.2 为 CM6132 型普通车床电气原理图,表 3.2 为其电气元件表。

从图 3.2 可看出,CM6132 普通车床也有三台电机,用途与 CA6140 车床不相同。主电机

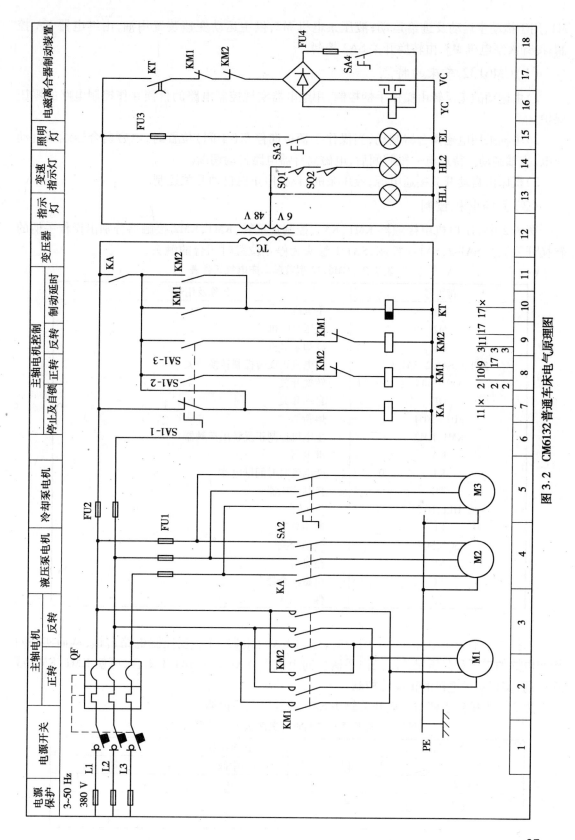

图 3.2　CM6132 普通车床电气原理图

M1,用于拖动主运动及进给运动;液压泵电机 M2,供主运动变速装置用油,由继电器 KA 控制;冷却液泵电机 M3,由转换开关 SA2 控制。

（1）CM6132 车床的特点

1）主运动的正反转由操作手柄控制,用继电器实现控制电路的自锁并作控制电路的零压保护。

2）主轴采用电磁离合器制动,当操作手柄板向停车（中间）位置时,电磁离合器线圈自动通电,主轴制动。待通电一段时间后,电磁离合器电路自动切断。

3）机床由自动开关接通电源,液压泵的启动、停止由自动开关控制。

（2）主轴电机控制

图 3.2 中 M1 电机由接触器 KM1,KM2 控制正反转,KM1,KM2 接触器分别由操作手柄的转换开关触头 SA1-2,SA1-3 控制,SA1-1 触头为停止位置时闭合的触头。

表 3.2 CM6132 型普通车床电气元件表

符　号	名称及用途
M1	主电机
M2	液压泵电机
M3	冷却泵电机
SA1-1,SA1-2,SA1-3	主电机正反转控制转换开关
SA2 ~ SA4	转换开关
QF	自动开关
FU1 ~ FU4	熔断器
KM1,KM2	主电机控制正反转用接触器
KA	继电器
KT	断电延时时间继电器
TC	控制变压器
HL1,HL2	指示灯
EL	照明灯
SQ1,SQ2	微动开关
VC	整流桥
YC	电磁离合器
PE	保护地线

当操作手柄处于中位 SA1-1 闭合时,接通 KA 继电器,并实现控制电路自锁,从而实现对控制电路的零压和欠压保护。操作手柄板向上或下,SA1-2 或 SA1-3 闭合,可使 KM1,KM2 线圈接通,实现对主电机的正反转控制。

表 3.3 为操作手柄与转换开关触头 SA1 的逻辑关系说明。

表 3.3 操作手柄与转换开关触头 SA1 的逻辑关系

位　置　触　头	操纵手柄		
	向上	中间	向下
SA1-1	-	+	-
SA1-2	+	-	-
SA1-3	-	-	+

（3）主轴变速

机床主运动为分离传动,主运动变速箱中的九级速度,是利用液压机构操作两组拨叉进行改变的。变速时只需转动变速手柄,液压变速阀即转到相应的位置,使得两组拨叉都移到相应的位置定位并压动微动开关 SQ1 和 SQ2,使其为"1",HL2 灯亮,表示变速完成。若滑移齿轮未啮合好,则 KL2 灯不亮,此时应将主轴转动一下,使齿轮正常啮合,HL2 灯则亮,说明已可进行正常工作启动。

（4）主轴制动

将操作手柄扳到中间(停车)位置,即 SA1-1 触头闭合,时间继电器断电,电磁离合器 YC 接通,VC 整流电路提供 YC 直流电,产生制动。KT 延时触头延时断开,YC,VC 断电,制动结束。

（5）零压及欠压保护

电气控制电路除了短路保护和过载保护外,还应具备零压及欠压保护。

零压保护:当设备在运转时,电源电压若因某种原因瞬时消失,机械停转,当源电压恢复时,若电动机自行启动,可能造成设备的损坏甚至人身事故。防止这种现象的保护叫零压保护。

欠压保护:因电源电压过分降低引起一些电器释放,造成控制线路工作不正常,可能引起事故。另一方面,电压降低,电动机转矩显著降低,影响电动机正常运行,严重时会引起"堵转"(即电动机接通电源但不转动)的现象;电动机长期处于"堵转"状态会损坏电机。故需要在电源电压降到一定允许值以下将电源切断。

图 3.2 的电路具备这两种保护。在图 3.2 中,电机正常运行时,转换开关处在 SA1-2 或 SA1-3 接通位置。若电源消失或电源电压过分降低时,KA 失电,KA 常开触头断开,由于 SA1-1 转换触头处于断开位置,所以,当电源恢复时,电机不会自行启动。

按钮自锁电路也具备零、欠压保护作用。当电源消失或电源电压过分降低时,按钮控制的接触器释放,切断电动机电源。当电压恢复,由于自锁触头仍断开,接触器线圈不会通电,电机不会自行启动。

3.2 摇臂钻床电气控制电路

钻床为孔加工机床,按其结构型式不同,有立式钻床、卧式钻床、深孔钻床、多轴钻床及摇臂钻床等。摇臂钻床是机械加工车间中常见的机床,它适用于单件或批量生产中带有多孔的零件的加工。

Z3040 型摇臂钻床即为常见的一种摇臂钻床。摇臂钻床具有下列运动:

主运动:主轴的旋转运动及进给运动。

辅助运动:摇臂沿外立柱的垂直移动,主轴箱沿摇臂的径向移动及摇臂与外立柱一起相对于内立柱的回转运动,后两者为手动。另外还需考虑主轴箱、摇臂、内外立柱的夹紧和松开。

由于摇臂钻床运动部件较多,常采用多电机拖动。图 3.3 为 Z3040 摇臂钻床外观图,图 3.4 为 Z3040 摇臂钻床电气原理图,表 3.3 为 Z3040 摇臂钻床电气元件表。

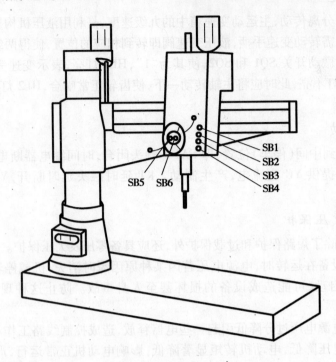

SB1
SB2
SB3
SB4

SB5 SB6

图 3.3 Z3040 外观图

在图 3.3 中,主轴箱上的 4 个按钮依次为主电机停止、启动按钮,摇臂上升、下降按钮,分别对应原理图中 SB1,SB2,SB3,SB4。主轴箱转盘上的两个按钮为立柱、主轴箱的松开按钮及夹紧按钮,对应原理图中 SB5,SB6。转盘为主轴箱左右移动手柄,操纵杆则操纵主轴的垂直移动,两者均为手动。主轴也可机动进给。

从图 3.4 可看出,Z3040 摇臂钻床有 4 台异步电动机,分别为:M1 主电机:控制主轴旋转运动和进给运动,单向旋转。用机械变换完成加工螺纹所需的正、反向。M2 摇臂升降电机:控制摇臂升降运动,双向旋转。M3 液压泵电机:控制摇臂夹紧、放松,主轴箱及外立柱相对内立柱的夹紧与放松,双向旋转。M4 冷却泵电机;手动控制,单向旋转。

3.2.1 主电机控制

主电机由 KM1 接触器控制,SB2,SB1 为启动,停止按钮。当自动开关 QF 接通电源后,按下 SB2 按钮时,KM1 接触器得电并自锁,主电机 M1 启动旋转。按下停止按钮 SB1,KM1 断电,M1 电机停止。

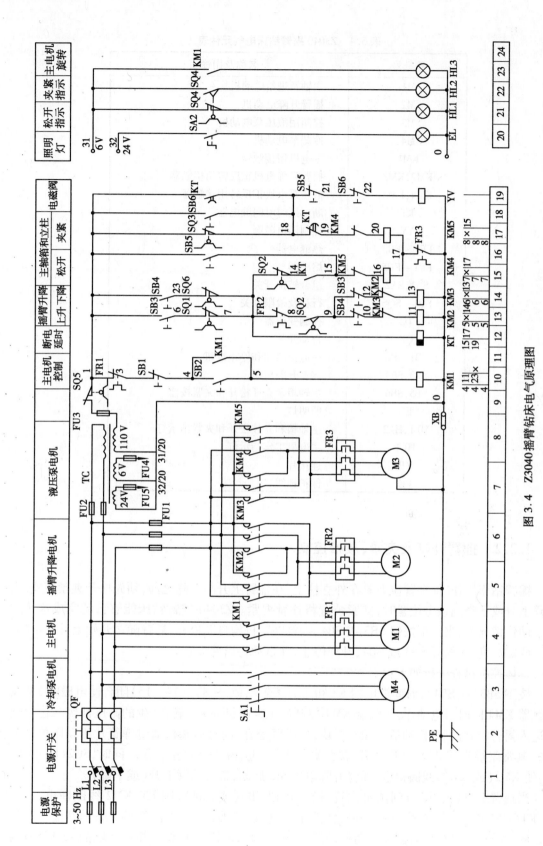

图 3.4　Z3040摇臂钻床电气原理图

表 3.4 Z3040 摇臂钻床电气元件表

符　号	名称及用途
M1	主轴及进给电动机
M2	摇臂升降电动机
M3	控制用液压泵电动机
M4	冷却泵电动机
KM1	主电机用接触器
KM2,KM3	摇臂升降电机正反转用接触器
KM4,KM5	液压泵电机正反转用接触器
KT	断电延时时间继电器
YV	控制用电磁阀
FR1 ~ FR3	热继电器
FU1 ~ FU5	熔断器
SA1,SA2	组合转换开关
SQ1 ~ SQ6	行程及极限开关
TC	控制变压器
QF	自动开关
SB1,SB2	主电机启动和停止按钮
SB3,SB4	摇臂升降按钮
SB5,SB6	主轴箱及立柱松开和夹紧按钮
EL	照明灯
HL1,HL2	主轴箱和立柱松开和夹紧指示灯
HL3	主电机工作指示灯
XB	连接片
PE	保护地线

3.2.2　摇臂升降及夹紧、放松控制

摇臂钻床工作时,摇臂应夹紧在外立柱上,在摇臂上升与下降之前,须先松开夹紧装置,当摇臂上升或下降到预定位置时,夹紧装置将摇臂夹紧。Z3040 摇臂钻床能够自动完成这一过程。动作情况为,当按下按钮 SB3 或 SB4,摇臂夹紧机构自动松开,摇臂随之开始上升或下降,到达所需高度时,松开 SB3 或 SB4,升降停止,并自动将摇臂夹紧。

具体控制过程分析如下:

按下 SB3(或 SB4),时间继电器 KT 得电,KT 触头(1—18)、(14—15)闭合使电磁阀 YV 及接触器 KM4 同时得电动作,接触器 KM4 控制液压泵电机 M3 运转,产生的高压油经二位六通阀进入摇臂松开油腔,推动活塞和菱形块,使摇臂松开,同时活塞杆通过弹簧片压动限位开关 SQ2,其常闭触头 SQ2(7—14)断开,接触器 KM4 失电,液压泵停止工作。同时,SQ2(8—9)闭合,使 KM2(或 KM3)线圈得电,摇臂升降电机 M2 启动,带动摇臂上升(或下降)。

当摇臂上升(或下降)到预定位置,松开按钮 SB3(或 SB4),则 KT,KM2 线圈断电,经延时,KT(18—19)闭合,KM5 线圈得电,使液压泵电机 M3 反转,压力油经另一条油路流入二位六通阀,再进入摇臂夹紧油腔,反向推动活塞与菱形块,使摇臂夹紧。当摇臂夹紧后,活塞杆通

过弹簧片压动行程开关 SQ3，使$\overline{SQ3}$(1—18)断开，KM5，YV 失电，液压泵 M3 停止工作，电磁阀 YV 复位。

至此，摇臂从松开—上升(或下降)到预定位置，夹紧控制的全过程结束。

考虑到升降电机 M3 有一定惯性，时间继电器的延时触头用来保证升降电机完全停转后才夹紧。延时时间视摩擦情况，可调整在 1～3 秒。

原理图中，行程开关 SQ1，SQ6 用作极限位置保护。若上升到极限位置，$\overline{SQ1}=0$，此时可用 SB4 按钮启动摇臂下降。下降到极限位置，$\overline{SQ6}=0$，此时可用 SB3 按钮启动摇臂上升。

摇臂夹紧的行程开关 SQ3，应调整到保证夹紧后能够动作，若调整不当，夹紧后仍不能动作，则会使液压泵电机 M3 长期工作而过载，为防止由于长期过载而损坏液压泵电机，电机 M3 虽为短时运行，也仍采用热继电器作过载保护。

3.2.3 主轴箱与立柱的夹紧与放松

立柱与主轴箱均采用液压操纵夹紧与放松，两者同时进行工作，工作时要求二位六通阀 YV 不通电。

松开与夹紧分别用 SB5 和 SB6 按钮控制，HL1，HL2 指示灯指示其动作。

按下 SB5 时，KM4 线圈得电，M3 电机正转，此时电磁伐 YV 不通电，其提供的高压油经二位六通电磁阀另一油路，推动活塞与菱形块使立柱和主轴箱同时松开，行程开关 SQ4 复位，$\overline{SQ4}$="1"，指示灯 HL1 亮。

按下 SB6，KM5 线圈得电，M3 电机反转，反向推动活塞与菱形块使立柱和主轴箱同时夹紧，SQ4 动作，SQ4="1"，指示灯 HL2 亮。

3.2.4 机床安装后控制电路的检查

可利用夹紧或放松按钮，检查通电电源的相序。当按下放松按钮 SB5 时，若使放松指示灯 HL1 亮，同时摇臂能回转，这表明所接电源相序正确。

3.3 铣床电气控制电路

按照结构形式和加工性能的不同，铣床可分为立铣、卧铣、龙门铣、仿形铣和专用铣床。在金属切削机床中，铣床在数量上占第二位，仅次于车床。铣床可用来加工平面、斜面、沟槽等。装上分度头，可以铣切直齿轮和螺旋面。若装上圆工作台，可铣切凸轮和弧形槽。

铣削加工一般有顺铣和逆铣两种形式，分别使用顺铣刀和逆铣刀(两者刃口方向不同)，因此要求主轴能正反转。但一旦铣刀固定后，铣削方向就确定了，所以工作过程中不需要变换主电机的旋转方向。铣削加工为多刃不连续切削，因而负载随时间波动。使拖动不平稳。为减轻负载波动的影响，在铣床主轴上都装有飞轮，以增加传动系统惯量。但由此将引起主轴停车时间增长，为能快速停车，主轴应采用停车制动方式。

以常用的立铣和卧铣来说，刀具(铣刀)的旋转运动称为主运动，工件(工作台)的移动或进给箱的移动称为进给运动，辅助运动有工作台的快速移动，及工作台的旋转运动。主运动与进给运动没有比例协调的要求，为缩短传动链和便于分别控制，大多数铣床采用主轴和工作台分别用单独的电机拖动，对于中小型铣床来说，一般用三相异步电动机拖动。

铣床工作台可在垂直方向、纵向、横向三个方向移动。为保证安全，在同一时刻只允许其中一个方向的移动。为此，工作台的移动由一台进给电机拖动，由方向选择手柄来选择运动方向，用进给电机的正反转来实现工作台的上下、左右、前后运动。某些铣床增设了圆工作台，以扩大铣床的加工能力。使用圆工作台时，不允许工作台作垂直向、纵向及横向运动。

在操作顺序上，应保证先开动主轴电动机，然后才能开动进给电动机，不然，当工件与铣刀接触时容易使机床或工件受到损坏。而铣床停车时，进给电动机应先停，或者主、进给电机同时停止。

为适应各种不同的切削要求，铣床的主轴和进给运动都应有一定的调速范围。通常采用主轴齿轮变速箱和进给齿轮变速箱进行调速。当这两个变速箱进行变速时，要求传动电动机做瞬时点动，以利变速齿轮的顺利啮合。工作台的进给运动，可工进也可快进，大多通过机械与电气配合(如采用电磁铁或电磁离合器)来实现。

下面以 X52K 立式铣床为例，来分析中小型铣床的电气控制原理。

图 3.5 为 X52K 铣床的外观图，图 3.6 为 X52K 立式升降台铣床的电气原理图，表 3.5 为该机床的电气控制元件表，表 3.6 为其开关位置说明。

表 3.5　X52K 立式升降台铣床电气元件表

符　号	名称及用途
M1	主轴电动机
M2	进给电动机
M3	冷却泵电动机
VC	整流桥
KM1	主电机起停接触器
KM2,KM3	进给电机正反转用接触器
KM4	快速移动用接触器
FR1～FR3	热继电器
FU1～FU6	熔断器
SA1-1,SA1-2,SA1-3	圆工作台转换开关
SA2-1,SA2-2	主轴换刀制动开关
SA3,SA4	转换开关
SA5	主电机换向用转换开关
SB1,SB2	停止按钮
SB3,SB4	主电机启动按钮
SB5,SB6	工作台快速移动按钮
YB	电磁制动器
YC1,YC2	进给及快速电磁离合器
SQ1,SQ2	工作台纵向进给行程开关
SQ3,SQ4	工作台横向及升降进给行程开关
SQ6	进给变速点动开关

符　号	名称及用途
SQ7	主轴变速点动开关
HL	指示灯
EL	照明灯
TC	控制变压器
QF	自动开关
XB	连接片

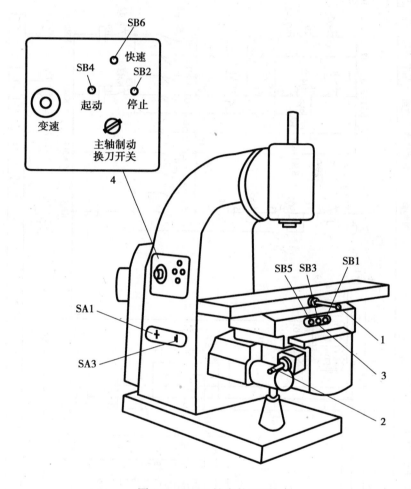

图 3.5　X52K 铣床外观图

X5ZK 铣床装有 3 台电动机,M1 为主电动机,功率 7 kW,转速 1 450 r/min 用换相转换开关 SA5 选择主轴的转向,停车时采用电磁离合器制动,M2 电机为工作进给电动机,功率 1.5 kW,它完成工作台上下、左右、前后六个方向的进给运动和快速运动。快速移动通过电磁离合器接通快速传动链来实现。M3 为冷却泵电动机。

主运动与进给运动的变速,采用孔盘变速机构,变速手柄动作过程中通过凸轮压动行程开关,使电动机得到瞬时点动,以利变速齿轮的顺利啮合。

概括起来,X52K 立式铣床有如下特点:

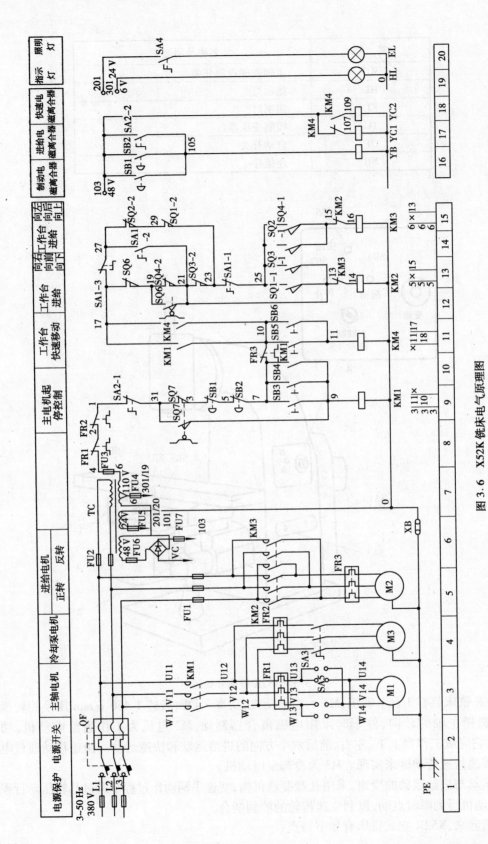

图 3.6 X52K 铣床电气原理图

①用换相转换开关选择主电机的转向；

②主运动采用电磁离合器制动；

③主运动和进给运动变速，均有瞬时点动；

④主运动和进给运动各有单独的电动机驱动，工作台的快速移动利用电磁离合器接上进给的快速传动链，实现快速移动；

⑤进给运动与主运动是联锁的，只有启动主运动后，进给运动才能启动工作；

⑥工作台6个方向的进给运动，具备完备的联锁；

⑦具备多地点控制环节；

⑧具有短路保护、零压保护、过载保护和超程保护。

图3.5中，1为纵向手柄，控制工作台纵向左、右进给，2为十字操作手柄，控制工作台垂直升降和前后进给，3为操作按钮台，3个按钮依次为快速按钮SB5，启动按钮SB3，停止按钮SB1，4为后操作按钮台。具有两个操作按钮台为多地点控制。圆工作台转换开关SAI，冷却泵电机转换开关SA3，主电机换向用转换开关SA5及电源开关QF设置在机床床脚的两侧。照明开关SA4装在照明灯上。

表3.6　X52K立式铣床开关说明

主轴换向开关说明

触头	位置	左转	停止	右转
SA5-1	W13—U14	+	−	−
SA5-2	W13—W14	−	−	+
SA5-3	U13—U14	−	−	+
SA5-4	U13—W14	+	−	−

工作台横向及升降进给行程开关说明

触头	位置	向前向下	停止	向后向上
SQ3-1	13—25	+	−	−
SQ3-2	21—23	−	+	+
SQ4-1	15—25	−	−	+
SQ4-2	19—21	+	+	−

工作台纵向进给行程开关说明

触头	位置	向左	停止	向右
SQ1-1	13—25	−	−	+
SQ1-2	23—29	+	+	−
SQ2-1	15—25	+	−	−
SQ2-2	27—29	−	+	+

圆工作台转换开关说明

触头	位置	圆工作台 接通	断开
SA1-1	23—25	−	+
SA1-2	13—27	+	−
SA1-3	17—27	−	+

主轴换刀制动开关说明

触头	位置	接通	断开
SA2-1	1—31	−	+
SA2-2	103—105	+	−

3.3.1 主轴电动机的控制

图 3.6 中 KM1 为控制主轴电机运转的接触器。主轴电动机通过换相开关 SA5,可选择正转或反转(见表 3.5),以适应刀具转向的需要。但工作中不能用换相开关 SA5 使电动机改变转向。

(1)主轴启动

主轴启动前,先选择好需要的主轴转速,主轴变速完成后,$\overline{SQ7}$ = "1";主轴换刀制动开关旋置在 SA2-1(1-31)闭合的位置,换相开关 SA5 转到需要的方向位置,电源自动开关 QF 接上电源,则由电路可看出,按下 SB3(或 SB4)按钮,KM1 线圈得电并自锁,M1 电动机启动运转。

(2)主轴停止

停止按钮 SB1,SB2 为复式按钮。按下 SB1(或 SB2),$\overline{SB1}$ = "0",线圈 KM1 断电,M1 电机电源被切断;SB1 = "1",使制动离合器线圈 YB 得电,M1 电机被制动,主轴停止旋转。过去此机床曾用能耗制动方案,但制动力矩在速度较低时很小,制动效果不理想。近期产品已采用制动电磁离合器进行制动,由于它能保持制动强度始终不变,可以满足快速停止的要求。

(3)主轴变速时的瞬时点动

X52K 立式铣床的主轴变速,采用孔盘机构集中操纵,当变速锁紧手柄使孔盘退出变速操纵杆时,锁紧杆上所连的凸轮压合行程开关 SQ7,使 SQ7(3-31)断开,KM1 接触器不能自锁,SQ7(9-31)闭合,KM1 接触器瞬时接通,电动机 M1 瞬时点动,因此有利于滑移齿轮的啮合。当变速手柄完全推回原位时,SQ7 = "0",切断瞬时点动线路。需注意的是凸轮压动行程开关的时间不能长,否则电机转速过高,不利于滑移齿轮的啮合。

3.3.2 进给运动的电气控制

铣床进给运动由 M2 电动机拖动,KM2,KM3 接触器控制其正反转。在矩形工作台进给时,圆工作台转换开关 SA1 应置于断开位置,此时,其三个触头的状态为:SA1-1 = "1",$\overline{SA1\text{-}2}$ = "0"、$\overline{SA1\text{-}3}$ = "1"。

从原理图中可看出,主运动和进给运动有联锁关系。当主电机 M1 启动后,即 KM1 线圈得电后,KM1(17-10)触头闭合,进给运动才能进行。但工作台的快速移动可在主轴电机不启动的情况下进行。

(1)工作台纵向进给运动控制

工作台纵向进给由纵向操纵手柄操纵,手柄有向左、向右、中间(停止)三个位置,分别操纵离合器及行程开关 SQ1,SQ2 动作(见表 3.5 开关说明)。

1)工作台向右运动

将工作台纵向手柄扳向右,则纵向进给离合器接上进给传动链,并压动行程开关 SQ1,其两触头 SQ1-1 = "1",$\overline{SQ1\text{-}2}$ = "0",KM2 线圈的控制逻辑:

$$KM2 = SQ6 \cdot \overline{SQ4\text{-}2} \cdot \overline{SQ3\text{-}2} \cdot SA1\text{-}1 \cdot SQ1\text{-}1 \cdot \overline{KM3} = \text{"1"}$$

KM2 得电动作,进给电机正向运转,工作台向右运动。

2)工作台向左运动

将工作台纵向手柄板向左,使纵向进给离合器接上,压动行程开关 SQ2,其两触头 SQ2-1 = "1",$\overline{SQ2\text{-}2}$ = "0",KM3 线圈控制逻辑:

KM3 = $\overline{SQ6}$ · $\overline{SQ4\text{-}2}$ · $\overline{SQ3\text{-}2}$ · $\overline{SA1\text{-}1}$ · SQ2-1 · $\overline{KM2}$ = "1"

KM3 得电动作,M2 反向运转,工作台向左运动。

此机床工作台左右运动除有机械互锁(离合器)外,还用 $\overline{KM2}$ 和 $\overline{KM3}$ 触头作电气互锁,用挡铁作超程保护。

(2)工作台横向进给运动控制

工作台横向和升降运动,是由升降台上的十字操作手柄控制的,该手柄共有五个位置:上、下、前、后和中位(停止)。

1)工作台向前运动

将十字手柄扳向"前"位置,横向进给离合器接上进给传动链,并压动行程开关 SQ3,其两触头 SQ3-1 = "1",$\overline{SQ3\text{-}2}$ = "0",KM2 线圈控制逻辑:

KM2 = $\overline{SA1\text{-}3}$ · $\overline{SQ2\text{-}2}$ · $\overline{SQ1\text{-}1}$ · $\overline{SA1\text{-}1}$ · SQ3-1 · $\overline{KM3}$ = "1"

KM2 得电动作,M2 电机正转,工作台向前运动。

2)工作台向后运动

将十字手柄扳向"后"位置,接上横向进给离合器,压合行程开关 SQ4,其两触头 SQ4-1 = "1",$\overline{SQ4-2}$ = "0",KM3 控制逻辑:

KM3 = $\overline{SA1\text{-}3}$ · $\overline{SQ2\text{-}2}$ · $\overline{SQ1\text{-}2}$ · $\overline{SA1\text{-}1}$ · SQ4-1 · $\overline{KM2}$ = "1"

KM3 得电动作,M2 电机反转,工作台向后运动。手柄在中间位置时,横向运动停止。

(3)工作台升降运动控制

1)工作台向上运动

将十字手柄扳向"上"位置,垂直进给离合器接上进给传动链,并压合行程开关 SQ4,SQ4-1 = "1",$\overline{SQ4\text{-}2}$ = "0",KM3 得电动作,M2 电机反转,工作台向上运动。

2)工作台向下运动

十字手柄扳向"下"位置,接上垂直进给离合器,压合行程开关 SQ3,SQ3-1 = "1",SQ3-2 = "0",KM2 得电动作,M2 电机正转,工作台向下运动。手柄在中间位置时,工作台垂直运动停止。

工作台左、右、前、后、上、下六个方向的运动在同一时刻只可能出现一个,这是利用机械的联锁(纵向、横向、垂直三个进给离合器只可能合上一个)和电气联锁($\overline{SQ1}$,$\overline{SQ2}$,$\overline{SQ3}$,$\overline{SQ4}$,$\overline{KM2}$,$\overline{KM3}$ 的运用)来共同实现的。

(4)工作台快速移动控制

工作台六个方向的快速移动,是用两个操作手柄和快速移动按钮 SB5(或 SB6)的配合操作来实现的。例如主轴旋转,进给正在工作,按快速按钮 SB5(或 SB6)时,进给离合器 YC1 失电脱开,快速离合器 YC2 得电合上,使原来方向上的进给运动转变成快速运动。当松开快速按钮时,YC2 失电,YC1 得电,重新恢复原来的进给状态。工作台调整时,主轴不旋转,同样可以进行快速移动。

(5)进给变速时的瞬时点动控制

为了在进给变速时使滑移齿轮易于啮合,本机床进给变速设有点动控制线路,当变速手柄拉出时,压合行程开关 SQ6,其两触头 SQ6 = "1",$\overline{SQ6}$ = "0",点动控制线路:

SA1-3 · SQ2-2 · SQ1-2 · SQ3-2 · SQ4-2 · SQ6 · KM3 = "1"

使 KM2 得电动作,M2 电机正向瞬时点动。当变速手柄推回原位后,SQ6 = "0",$\overline{SQ6}$ = "1",KM2 断电,M2 电机停止。

3.3.3 圆形工作台的控制

为扩大机床的加工能力,可安装附件圆形工作台,圆形工作台可手动,也可机动。当需要机动时,将纵向和十字手柄扳到"中"位,然后将圆形工作台转换开关扳到"接通"位置,由表3.6 可看出,这时 SA1 的三个触头状态为:

$\overline{SA1-1}$ = "0",SA1-2 = "1",$\overline{SA1-3}$ = "0",在主轴电机 M1 启动后,控制线路:

SQ6 · SQ4-2 · SQ3-2 · SQ1-2 · SQ2-2 · SA1-2 · KM3 = "1"

使 KM2 得电动作,带动圆工作台转动。由于上式中含有 SQ1 ~ SQ4 的与因子,所以保证了圆工作台运动与其他方向进给运动的联锁。

3.3.4 其他控制

①冷却泵控制。冷却泵由转换开关 SA3 控制。

②机床的局部照明,由变压器供 24 V 电压,用 SA4 开关控制照明灯 EL。

③换刀制动。当机床需要换刀时,主轴应不动。扳动 SA2 开关,其两触头$\overline{SA2-1}$(1-31) = "0",SA2-2(103-105) = "1",切断主电机控制电路电源,同时制动电磁离合器 YB 通电,主轴被制动,从而可方便安全地换刀。换刀结束后,扳回 SA2 开关,$\overline{SA2-1}$ = "1",SA2-2 = "0",制动离合器 YB 失电,主轴电机可以启动。

④三个电磁离合器所需要的直流电,由专用变压器经整流桥 VC 供给。

3.4 组合机床电气控制电路

组合机床是由一些通用部件及少量专用部件组成的高效率自动化或半自动化专用机床。在组合机床上可完成钻孔、扩孔、铰孔、镗孔、攻丝、车削、铣削、磨削及精加工等工序,一般采用多轴、多刀、多工序、多面同时加工。在产品更新时,它可以较方便地由一些通用部件和专用部件重新改装,以适应零件的加工要求。

组合机床的控制系统大多采用机械、液压、电气或气动相结合的控制方式,其中电气控制起着中枢联接作用。

组合机床的电气控制系统和组合机床总体设计有相同的特点。组合机床由大量的通用部件组成,而组合机床的电气控制系统也是由通用部件的典型控制电路和一些基本控制环节组合,根据加工、操作要求及自动循环的不同,经过适当连接或少量修改后而成。这些典型电路经过了一定的生产实践考验,只要应用得当,一般是可靠的。

组合机床的通用部件一般分为:动力部件,如动力头和动力滑台;支承部件,如滑座、床身、立柱和中间底座;输送部件,如回转分度工作台、回转鼓轮、自动线工作回转台及零件输送装置;控制部件,如液压元件、控制板、按钮台及电气挡铁;其他部件,如机械扳手、气动扳手、排屑装置和润滑装置。

组合机床上最主要的通用部件是动力头和动力滑台,它们是完成刀具切削运动和进给运动的部件。通常对能同时完成切削运动及进给运动的动力部件称为动力头,而对只能完成进给运动的动力部件称为动力滑台。动力滑台按结构分有机械动力滑台和液压动力滑台。动力滑台可配置成卧式或立式的组合机床,动力滑台配置不同的控制电路,可完成多种自动循环。动力滑台的基本工作循环形式有:

1)一次工作进给

快进→工作进给→(延时停留)→快退

可用于钻、扩、镗孔或加工盲孔、刮端面等。

2)二次工作进给

快进→一次工作进给→二次工进→(延时停留)→快退

可用于镗孔完后又要车削或刮端面等。

3)跳跃进给

快进→工进→快进→工进→(延时停留)→快退

例如镗削两层壁上的同心孔,可用跳跃进给自动工作循环。

4)双向工作进给

快进→工进→反向工进→快退

例如用于正向工进粗加工,反向工进精加工

5)分级进给

快进→工进→快退→快进→工进→快退→…→快进→工进→快退

主要用于钻深孔。

3.4.1　机械动力滑台控制电路

机械动力滑台由滑台、滑座和双电机(快速和进给电机)、传动装置三部分组成,滑台的自动工作循环由机械传动和电气控制完成。下面以机械动力滑台具有正反向工作进给控制为例,说明其工作原理。控制电路及工作循环如图 3.7 所示。

图 3.7 中,M1 为工作进给电机,M2 为快速进给电机。滑台的快进由 M2 电机经齿轮使丝杆快速旋转实现。主轴的旋转靠一专门电机拖动,由接触器 KM4(电路未画出)控制。SQ1 为原位行程开关,SQ2 为快进转工进的行程开关,SQ3 为终点行程开关,SQ4 为限位保持开关。KM1,KM2 接触器控制 M1,M2 电机的正反转。YA 是制动电磁铁。

由电路图可看出:

①主轴电机与 M1,M2 电机有顺序起停关系,只有主轴电机启动后,即 KM4 触头闭合,M1,M2 电机才能启动。

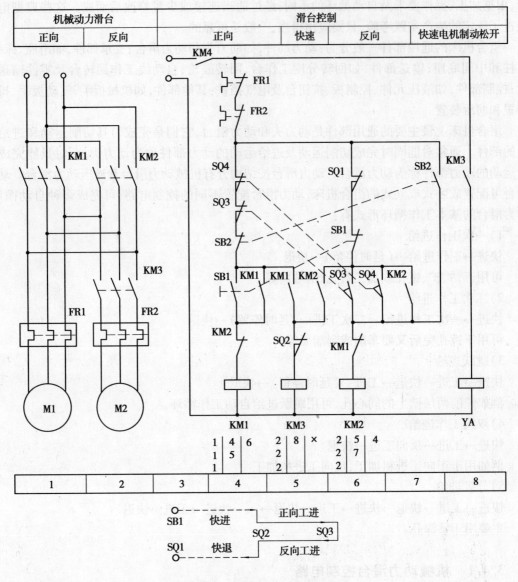

机械动力滑台		滑台控制			
正向	反向	正向	快速	反向	快速电机制动松开

1	2	3	4	5	6	7	8

图 3.7 机械动力滑台控制电路

②滑台在快进或快退过程中,M1,M2 电机都运转,这时,滑台通过机械结构保证,由 M2 快进电机驱动。

③M2 快进电机的制动器为断电型(机械式)制动器,即在 YA 断电时制动。

④滑台正向运动快进转工进由压下 SQ2 实现,反向工进转快退,由松开 SQ2 实现,这里应用了长挡铁。

⑤正反进给互锁。

⑥M1,M2 电机均接有热继电器,只要其中之一过载,控制电路就断开。

控制电路中,SB1 为启动向前按钮,SB2 为停止向前并后退的按钮。电路的工作原理如下:

1)滑台原位停止

此时,SQ1 被压下,$\overline{SQ1}$ = "0"。

2)滑台快进

按下 SB1 按钮,KM1 线圈得电自锁,并依次使 KM3 线圈和 YA 线圈得电,M2 电动机制动器松开,M1,M2 电机同时正向运转,机械滑台向前快速进给,此时,SQ1 复位,$\overline{SQ1}$ = "1"。

3)滑台工进

当滑台长挡铁压下行程开关 SQ2,其触头 $\overline{SQ2}$ = "0",KM3 线圈断电,并使 YA 也断电,M2 电机被迅速制动,此时滑台由 M1 电机拖动正向工进。

4)滑台反向工进

当挡铁压下行程开关 SQ3,其触头 SQ3 = "1",$\overline{SQ3}$ = "0",KM1 线圈断电,KM2 线圈得电自锁,M1 电机反向运转,滑台反向工进。SQ3 复位,SQ3 = "0",$\overline{SQ3}$ = "1"。

5)滑台快退

当长挡铁松开 SQ2,SQ2 复位,其触头 $\overline{SQ2}$ = "1",KM3 线圈再得电,并使 YA 再得电,M2 电机反向运转,滑台快退,退到原位时,SQ1 被压下,$\overline{SQ1}$ = "0",KM2 断电,并使 KM3,YA 断电,M1,M2 电机停止。

SQ4 为向前超程开关,当 SQ4 被压时,其触头 SQ4 = "1",$\overline{SQ4}$ = "0",使 KM1 线圈断电,KM2 得电,滑台工进退回,当挡铁松开 SQ2 后,滑台转而快速退回。

3.4.2　液压动力滑台控制电路

液压动力滑台与机械滑台的差别在于,液压滑台进给运动的动力是压力油,而机械滑台的动力来自于电动机。

液压滑台是由滑台,滑座及油缸三部分组成。油缸拖动滑台在滑座上移动。

液压滑台也具有前面所述机械滑台的典型自动工作循环,它通过电气控制电路控制液压系统实现。滑台的工进速度由节流阀调节,可实现无级调速。电气控制电路一般采用行程、时间原则及压力控制方式。

(1)具有一次工作进给的液压动力滑台电气控制电路(图 3.8)

1)滑台原位停止

滑台由油缸 YG 拖动前后进给,电磁铁 YA1,YA2,YA3 均为断电状态,滑台原位停止,并压下行程开关 SQ1,两触头 SQ1 = "1",$\overline{SQ1}$ = "0"。

2)滑台快进

把转换开关 SA1 扳到"1"位置,按下 SB1 按钮,继电器 KA1 得电并自锁,继而使 YA1,YA3 电磁铁得电,使电磁阀 1HF 及 2HF 推向右端,于是变量泵打出的压力油经 1HF 流入滑台油缸左腔,右腔流出的油经 1HF,2HF 也流入左腔,使滑台快进,此时,SQ1 复位,两触头 SQ1 = "0",$\overline{SQ1}$ = "1"。

3)滑台工进

当挡铁压动行程开关 SQ3,触头 SQ3 = "1",KA2 得电动作并自锁,常闭触头 $\overline{KA2}$ = "0",YA3 断电,电磁阀 2HF 复位,滑台右腔流出的油只能经节流阀 L 流入油箱,滑台转为工进。由于有 KA2 的自锁,滑台不会因挡铁离开 SQ3 而使 KA2 电路断开。此后,SQ3 = "0"。

4)滑台快退

当滑台工进到终点,挡铁压动 SQ4 行程开关,触头 SQ4 = "1",KA3 得电动作并自锁,KA3

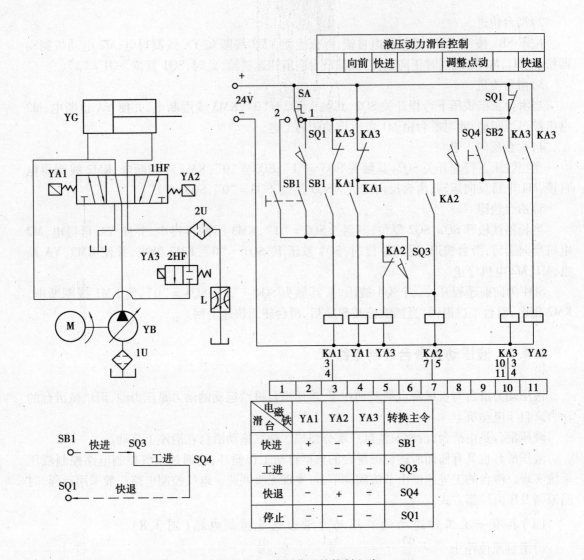

液压动力滑台控制					
向前	快进			调整点动	快退

电磁铁 滑台	YA1	YA2	YA3	转换主令
快进	+	−	+	SB1
工进	+	−	−	SQ3
快退	−	+	−	SQ4
停止	−	−	−	SQ1

图 3.8 一次工作进给控制电路

的常闭触头打开,常开触头闭合分别使得 YA1 断电,YA2 得电使电磁阀 1HF 推向左,变量泵打出的压力油经 1HF 流入滑台油缸右腔,左腔流出的油经 1HF 直接流入油箱,滑台快退。当滑台退到原位,压动 SQ1,触头 $\overline{SQ1}$ = "0",YA2 断电,1HF 复位,油路断,滑台停止。

5)滑台的点动调整

将转换开关 SA 扳到"2"位置,按下按钮 SB1,KA1 得电,继而 YA1,YA3 得电,滑台可向前快进,由于 KA1 电路不能自锁,因而当 SB1 松开后,滑台停止。

当滑台不在原位,即 SQ1 = "0",若需要快退,可按下 SB2 按钮,使 KA3 得电,YA2 得电,滑台快退,退到原位时,压下 SQ1,$\overline{SQ1}$ = "0",KA3 失电,滑台停止。

在上述电路中,若需要使滑台工进到终点,延时停留,即使工作循环成为:快进→工进→延时停留→快退,则稍加修改,加一延时线路即可,控制电路如图 3.9 所示。

图 3.9 与图 3.8 比较,实际上只是多加一个时间继电器 KT。将 KA3 的两个常闭触头用 KT 的两个瞬时常闭触头代替,增设一个 KT 延时触头,起延时作用。

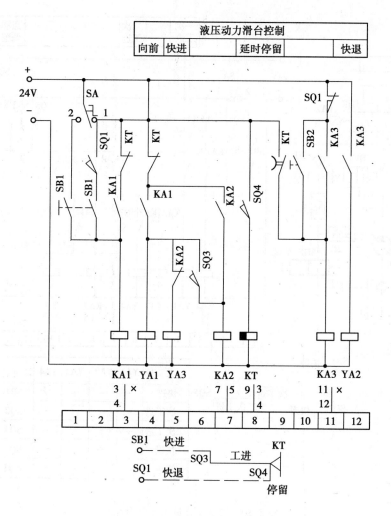

图 3.9　具有"延时停留"的电路

图 3.9 中,当工进到终点时,压动行程开关 SQ4,其触头 SQ4 = "1",使 KT 得电,此时两个瞬时触头 $\overline{\text{KT}}$ = "0",使 YA1,YA3 断电,滑台停止工进。KT 延时触头延时后闭合,KA3 得电,继而 KA2 得电,滑台才开始后退,从而达到工进到位后停留延时再快退的目的。

（2）二次工作进给控制电路

根据加工工艺的要求,有时需要设计两种进给速度,先以较快的进给速度加工（一工进）,而后以较慢的速度加工（二工进）,二次工作进给控制电路如图 3.10 所示。

该电路实现快进→一次工进→二次工进→快退的工作循环,工作原理与上述相似。

1）滑台原位停止

压下 SQ1,两触头 SQ1 = "1",$\overline{\text{SQ1}}$ = "0"。

2）滑台快进

按下 SB1,KA1 得电自锁,YA1,YA3 得电,电磁阀 1HF,2HF 推向右,滑台快进。

3）滑台一工进

滑台挡铁压下 SQ3,KA2 得电自锁,YA3 断电,2HF 复位,液压油经节流阀 1L 流入油箱,滑

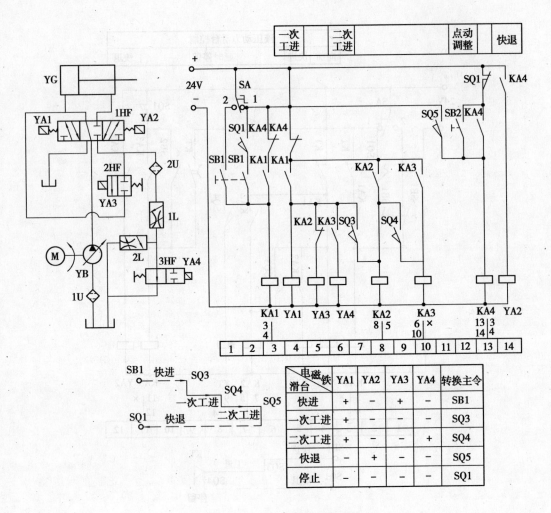

电磁铁 滑台	YA1	YA2	YA3	YA4	转换主令
快进	+	−	+	−	SB1
一次工进	+	−	−	−	SQ3
二次工进	+	−	−	+	SQ4
快退	−	+	−	−	SQ5
停止	−	−	−	−	SQ1

图 3.10　二次工作进给控制电路

台一工进。

4)滑台二工进

滑台挡铁压下 SQ4,KA3 得电自锁;YA4 得电,3HF 推向左,液压油经节流阀 1L,2L 流入油箱,滑台二工进,二工进速度由两个节流调速阀调整,比一工进速度更慢。

5)滑台快退

滑台挡铁压下 SQ5,KA4 得电,YA2 得电,YA1,YA4 断电,滑台快退。退到原位时,压下 SQ1,YA2 断电,滑台停止。

习　题

结合具体条件,选几台常用机床,认识电气柜及有关电器的安装。试根据电器安装实物,绘出机床电气原理图。

第4章　电气调速系统

调速是机床对电力拖动系统要求的主要性能之一。多数机床都要求选择最经济的切削速度，以发挥机床和刀具的最大效益。工件和刀具不同，最经济的切削速度亦不相同，因此，电力拖动系统须具有调速的控制功能。

目前机床常用的调速方法有：机械有级或无级调速；机械与电气结合的有级或无级调速；电气无级调速。本章主要讨论在重型和精密机床中广泛应用的电气无级调速系统。它具有调速范围宽，稳定性好，控制灵活，可实现远距离操纵等优点。但是它需要一套较复杂的设备，投资较大，对维修及管理人员的素质要求较高。

现代机床的电气调速中，应用较多的是晶闸管-直流电动机调速系统和直流电机脉宽调速系统。随着电子变流技术的发展，交流异步电动机调速系统逐步受到人们的重视，它已成为电气调速的重要发展方向。目前全功能数控机床上已普遍采用交流电机矢量控制调速系统。

4.1　电气调速概述

4.1.1　调速与稳速

调速即速度调节，是指在电力拖动系统中人为地改变电动机的转速，以满足工作机械的不同转速要求（由于负载或电源扰动而引起的电动机转速变化，则不叫调速）。调速是通过改变电动机的参数或电源电压等方法来改变电动机的机械特性，从而改变它与负载机械特性的交点，使得电动机的稳定转速改变。图 4.1 示出了当电动机的机械特性由 A_1 转变为 A_2,A_3 时它们

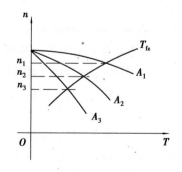

图 4.1　电动机的调速

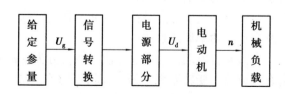

图 4.2　开环调速系统结构

与负载机械特性 T_{fz} 的交点亦相应改变,其稳定转速即由 n_1 转变为 n_2,n_3。调速是通过改变给定信号,经过控制环节而实现的,这种控制属于开环控制。系统简单结构框图如图4.2所示。

机床不仅要求调速,而且要求转速稳定,即稳速。加工时,由于毛坯余量的变化,工件材质不匀,摩擦力变化等原因,使电动机负载发生扰动,这种扰动会引起电动机转速的波动,影响加工质量,尤其在低速时,甚至影响电动机的正常工作。因此,要设法使电动机转速不随外界扰动而变化,始终能精确地保持在给定的数值上,这就需要速度能自动调节,亦称稳速。一般要用闭环控制系统才能实现稳速。最简结构框图如图4.3所示。

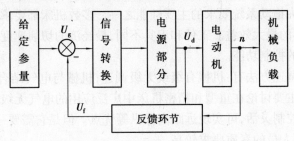

图4.3 闭环调速系统结构

4.1.2 电动机无级调速的类型

按电源种类可分为直流和交流两大类。直流调速系统通常有以下几类:

(1)直流发电机-直流电动机(G-M)系统

它是利用改变控制信号的方法来改变发电机的输出电压,此电压加到电动机上,可使电动机的转速随控制信号而变化。

(2)交磁放大机-直流电动机(SKK-M)系统

交磁放大机是一种高放大倍数,高性能特殊结构的直流发电机,由它控制直流电动机的电枢电压,能使电动机的转速随交磁放大机的输入信号而变化。

(3)晶闸管-直流电动机(SCR-M)系统

它是利用改变差值电压来改变晶闸管的导通角,输出不同的整流电压,供给直流电动机,使电动机的转速随控制导通角的信号而变化。

(4)脉宽调制-直流电动机(PWM)系统

该系统是用一定频率的三角波或锯齿波,把模拟控制电压切割成与三角波同频率的矩形波。控制电压的幅值与矩形波的占空比成比例。利用此矩形波去触发大功率三级管的基极,由于三极管的集电极、发射极与电机绕组相串联,因而电机电流受到控制并与控制信号成线性关系。该方法主要优点是抗干扰能力强,效率高,目前已广泛用于数控机床的直流电机调速系统及交流大功率调速系统中。

交流异步电动机的调速方法大致可分为变极对数、变转差率、变电源频率三种。变极对数是有级调速。变转差率,可通过调节定子绕组电压来实现;若绕线式电动机.则可改变转子绕组电阻或在转子电路上加一套交流变流装置,组成串级调速系统,实现转差率的变化。变频调速是改变定子绕组供电电源的频率,从而改变电动机的同步转速来实现调速。

从电动机调速特性这个角度看,可分为恒功率调速和恒转矩调速两种情况,以适应生产机械不同负载特性的要求。从电工学得知,电机的转矩 T、转速 n 功率 P 的关系通式为

$$P = K_m T_n$$

式中　K_m——与电机结构及特性有关的常数。

①恒功率调速

在调速过程中,电动机输出额定功率 P 恒定不变,而输出转矩 T 与转速 n 成反比变化,其变速特性曲线如图4.4所示。这种变速特性适用于工作在计算转速以上的机床主运动及龙门刨床工作台的运动等恒功率类机械负载。当调到低速时,电动机转矩不得高于额定值。在直流调速系统中,该种调速特性是由变激磁的方法获得的。

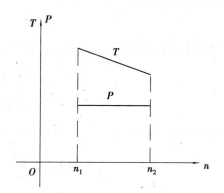

图4.4　恒功率变速特性

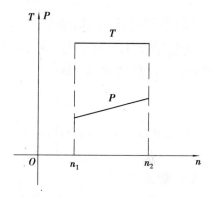

图4.5　恒转矩变速特性

②恒转矩调速

在调速过程中,电动机输出额定转矩 T 恒定不变,而输出功率 P 随转速 n 线性变化,其变速特性曲线如图4.5所示。大部分机床的进给运动及工作在计算转速以下的主运动,均属于恒转矩类负载。这类运动主要是克服摩擦力,而摩擦力的大小与速度关系不大,故转矩基本保持恒定。在调到高速时,电动机输出功率不得超过额定值。这种变速特性的获得,在直流系统中是由调压调速实现的。

4.1.3　调速的性能指标

调速系统的优劣,可由技术性能指标来衡量。在电动机调速系统中,常用的性能指标有以下几项:

(1)调速范围(D)

工作机械要求的调速范围,以字母 D 表示。它等于在额定负载下,电动机能提供的最高转速 n_{max} 和最低转速 n_{min} 之比,即

$$D = \frac{n_{max}}{n_{min}} \tag{4.1}$$

不同工作机械要求的调速范围不同,不同类型电动机在不同调速方式下所能达到的调速范围也不同。一般机床的主传动和进给传动的调速范围列于表4.1中。数控机床和随动系统的调速范围可能要求更宽一些。

表 4.1　机床传动调速范围

机床类别	D(主传动)	D(进给传动)
中型和重型车床	40 ~ 100	50 ~ 150
立式车床	40 ~ 60	40 ~ 80
摇臂钻床	20 ~ 100	5 ~ 40
卧式和立式铣床	20 ~ 60	25 ~ 60
中型卧式镗式	25 ~ 60	30 ~ 150
中小型龙门刨床	4 ~ 10	10 ~ 50
大型龙门刨床	10 ~ 30	10 ~ 50

（2）调速的平滑性（Φ）

调速的平滑性亦称公比。它是用某一个转速 n_i 与能够调到的最邻近的转速 n_{i-1} 之比来评价的。以字母 Φ 表示。即

$$\Phi = \frac{n_i}{n_{i-1}} \tag{4.2}$$

显然，Φ 值愈接近 1，调速的平滑性愈好。无级调速系统的平滑性 $\Phi \approx 1$，可以实现连续调速。

（3）静差度（S）

静差度即速度的稳定度，是衡量转速随负载变动程度的静态指标。静差度 S 表示：电动机在某一转速下运行时，机械负载由理想空载变到额定负载所产生的转速降落 Δn_e，与理想空载转速 n_0 之比，即

$$S = \frac{n_0 - n_e}{n_0} = \frac{\Delta n_e}{n_0} \tag{4.3}$$

式中　n_e——额定负载下的实际转速。

静差度 S 常用百分数表示，故又称静差率。显然，电动机的特性愈硬，控制系统的静特性愈硬，由负载变动而引起的转速降落愈小，静差度 S 愈小，稳速精度愈高。然而，静差度和特性硬度又有区别。由图 4.6 可见，特性①和特性②硬度相同。额定负载下转速降落相等，$\Delta n_{ed1} = \Delta n_{ed2}$。但由于理想空载转速不同（$n_{01} > n_{02}$），却使得静差度不同（$S_1 < S_2$）。同样硬度的特性，理想空载转速愈低，静差度愈大，转速的相对稳定性愈差。因此，对一个系统静差度的要

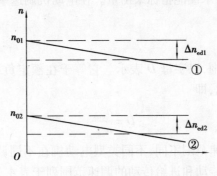

图 4.6　转速与 S 的关系

求,就是对最低转速静差度的要求。可见,静差度 S 和调速范围 D 两项指标是相互制约的。负载要求的 S 小,D 亦小,负载要求的 S 大,D 亦大,对 S 与 D 必须同时提出要求才有意义。

各种机床对静差度有不同要求,如一般车床主传动要求 $S \leqslant 0.2 \sim 0.3$;龙门刨床工作台传动要求 $S \leqslant 0.1$;精加工机床 $S \leqslant 0.05 \sim 0.1$。静差度 S 不仅影响产品的表面质量,而且还影响生产效率。

(4)调速的经济性

调速的经济指标,一般是根据设备费用、能源损耗、运行及维护费用多少来综合评价的。

4.1.4 扩大调速范围的途径

为了实现宽范围调速并充分利用设备,在选择调速方式时,首先必须使电动机和被拖动的机械有类似的调速特性。如机床计算转速以上的主运动为恒功率负载,应选择恒功率调速方式;而大多数机床的进给运动为恒转矩负载,应选择恒转矩调速方式。如果选择的电动机调速系统特性与负载特性配合不好,电动机的容量就不能得到正常发挥。自然,会使系统调速范围受到影响。

在正确选择调速特性的前提下,宽调速范围 D 的获得还要受到静差度 S 的制约。由前述可见,电动机转速下限 $n_{\min}$ 要受到静差度 S 指标的限制,相应调速范围 D 亦受静差度 S 的限制。

在直流调速系统中,电动机的机械特性很硬,故可近似认为调速范围 D 是最高空载转速 $n_{0\max}$ 与最低空载转速 $n_{0\min}$ 之比,即 $D \approx n_{0\max}/n_{0\min}$,最低转速下的静差度 $S_t = \Delta n_e / n_{0\min}$,$\Delta n_e$ 是在额定负载下稳定的速度降落,也称为静态速降。则该拖动系统的调速范围、静差度、静态速降和最高空载转速之间的关系为:

$$D \approx \frac{n_{0\max}}{n_{0\min}} = \frac{n_{0\max} S_1}{\Delta n_e}$$

$$\Delta n_e = \frac{n_{0\max}}{D} S_1$$

(4.4)

由式(4.4)不难求得:静态速降为 4 r/min,调速范围为 100,最高空载转速为 1 500 r/min 时,则静差度 $S_1 = 0.26$。显然,若 Δn_e 和 $n_{0\max}$ 一定时,则有 $D \propto S_1$。对调速系统的要求是 D 大 S 小,从式(4.4)可见,要得到宽调速范围,且静差度又要尽可能小,只有减小静态速降 Δn_e,实现的方法是提高调速系统的机械特性硬度,引入负反馈环节。图 4.7 所示是一具有转速负反馈

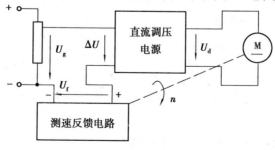

图 4.7 速度负反馈控制系统

的直流调压调速系统。直流调压电源是用差值电压 ΔU 控制输出电压 U_d 的部件,直流电机 M 的转速 n 受 U_d 的控制,测速反馈电路的输出电压 U_f 比例于电动机转速 n。当给定电压 U_g 一定时,电动机 M 有一对应转速 n。若负载扰动引起转速变化,通过测速反馈电路的反馈电压 U_f 变化,自动调速差值电压 ΔU 变化,使调压电源的输出电压 U_d 变化,从而使电动机转速 n 又趋于原值。这种闭环系统能实现转速自动调速,减小静态速降,提高电动机的机械特性硬度,从而在保证满足系统对静差度要求的前提下扩大调速范围。

4.2　晶闸管-直流电动机无级调速系统

4.2.1　直流调速方式

在机床调速过程中,有恒转矩和恒功率两类负载,下面分别讨论满足这两类负载特性的直流调速方式。

从电工学知,图 4.8 所示的他激直流电动机有以下方程:

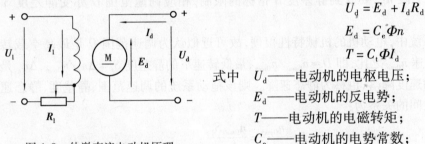

$$U_d = E_d + I_d R_d$$
$$E_d = C_e \Phi n$$
$$T = C_t \Phi I_d$$

式中　U_d——电动机的电枢电压;

　　　E_d——电动机的反电势;

　　　T——电动机的电磁转矩;

　　　C_e——电动机的电势常数;

　　　C_t——电动机的转矩常数;

图 4.8　他激直流电动机原理

　　　Φ——主磁极的磁通;

　　　R_d——电枢绕组电阻。

机械特性为

$$n = \frac{U_d}{C_e \Phi} - \frac{R_d}{C_e C_t \Phi^2} T = n_0 - K_t T = n_0 - \Delta n \qquad (4.5)$$

式中　$n_0 = \dfrac{U_d}{C_e \Phi}$——理想空载转速;

　　　$K_t = R_d / C_e C_t \Phi^2$——机械特性斜率;

　　　$\Delta n = R_d T / C_e C_t \Phi^2$——转速降落。

由式(4.5)可知,直流电动机的速度由 R_d,U_d 和 Φ 所决定。以下只介绍调 U_d 和调 Φ 的调速特性。

(1)改变电枢电压的调速方式(调压调速)

若保持磁通 Φ 和电枢电阻 R_d 不变,将电枢电压 U_d 减小(由于耐压限制不能升压),机械特性的斜率不变,而空载转载会减小,于是得到一族以 U_d 为参数的平行直线,如图 4.9 所示。在允许的静差度值内,可获得低于额定转速的稳定速度,调速范围可达 10 ~ 12。改变 U_d 调速的实质是:在 U_d 减小时,为了充分利用电动机的容量,电枢电流 I_d 应仍保持为额定值,由 $T = C_t\Phi I_d$ 可知,电机输出转矩是恒定的。但此时反电势 E_d 却随 U_d 减小而减小,转速 n 也随之下降,同时电动机输出轶率 P 随 U_d 减小而下降。由此可见,调压调速为恒转矩调速,它的变速特性正好满足恒转矩负载的要求。变速特性曲线如图 4.5 所示。

调压调速具有:调节细,可实现无级调速,平滑性好;特性硬度不变,相对稳定性好;调速过程能耗低,可节省降压启动设备,经济性好;调速范围较宽等优点。

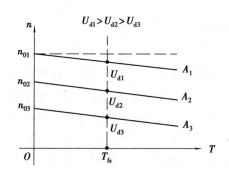

图 4.9　调压调速的机械特性
A_1—固有特性　A_2,A_3,…—人为特性

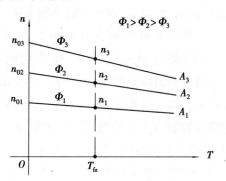

图 4.10　调磁调速的机械特性
A_1—固有特性　A_2,A_3,…—人为特性

(2)改变励磁磁通的调速方式(调磁调速)

若保持电枢电压 U_d 和电枢电阻 R_d 不变,将 R_1 增加或 U_1 减小,而使磁通减小(受磁饱和限制不能增大),空载转速随之增大($n_0 \propto \frac{1}{\Phi}$),机械特性的斜率急剧增加($K_t \propto \frac{1}{\Phi^2}$),由此得到一族以 Φ 为参数的曲线,如图 4.10 所示。磁通 Φ 减小便转速 n 增高,特性变软,调速范围 2 ~ 4。

调磁调速具有恒功率的调速特性。在调速过程中电动机转矩 T 随转速 n 的上升而降低;输出功率恒为额定 P_e。满足恒功率机械负载的要求。变速特性曲线如图 4.4 所示。

调磁调速虽然调速范围不宽,但它具有调节容量小,平滑性好,投资少,能耗低,经济性好等优点。

综上所述,调压调速和调磁调速是直流调速中常用的两种方式。它们的调速特性刚好满足常用的恒转矩及恒转功率机械负载特性的要求。所谓恒转矩调速或恒功率调速,是指在电动机不超过发热条件限制下,以可调的不同转速长期工作时,都能给出额定转矩或额定功率的调速。

根据负载的特性来选择电动机的调速方式,才能在任何一级转速下,使它的输出达到要求的转矩或功率,电动机容量才能得到充分利用。

一个恒功率负载,若采用了恒转矩调速方式,则因为电动机调速时输出的转矩恒定,但负载在高速时要求的转矩小,低速时要求转矩大,若按低速要求选定电动机额定转矩,工作在高速时电动机容量就得不到充分利用;若按高速要求选定电动机的额定转矩,则工作在低速时电动机将超载,均不合理。因此在考虑调速方案时,必须先弄清负载的性质。

4.2.2 具有转速负反馈的调速系统

在自动调速系统中常采用各种反馈环节,其中转速负反馈是主要反馈形式之一。控制系统引入转速负反馈以后,可以减少静态转速降落,扩大调速范围,达到自动调整转速的目的。能较好地满足机床对调速系统静态指标的要求。

机床在加工过程中,为保证工件表面质量和精度,要求调速系统调速稳定,能迅速消除扰动(主要是负载和电枢电压波动)而引起的转速波动。要求系统具有足够的动态稳定性和快速性,使启动、制动、调速过程平稳迅速。

下面以 SCR-M 调压调速系统为例分析该系统的组成、工作原理及静特性。

(1)转速负反馈 SCR-M 系统的组成和工作原理

系统的组成如图 4.11 所示。给定电位器 R_g 给出给定电压 U_R,测速发电机 TG 输出反馈电压 U_{cf},两者之差(净输入电压)$\Delta U = U_g - U_{cf}$ 经放大器放大后加到触发器输入端,触发器产生输出控制角为 α 的触发脉冲去触发可控整流器。可控整流器的输出电压为 $U_{d\alpha}$,受控于 α 角,控制角 α 减小,电压 $U_{d\alpha}$ 增大;α 增大 $U_{d\alpha}$ 减小。用电压 $U_{d\alpha}$(经平波电抗器 L 滤波)给直流电动 M 供电,电动机便以一定的转速 n 带动负载 FZ 运转。电动机 M 旋转时又带动与它同轴连接的测速发电机 TG 同速旋转。TG 电枢两端电动势 E_{cf} 为

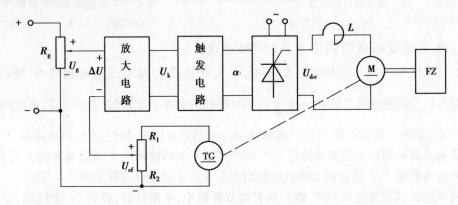

图 4.11 转速负反馈调速系统

$$E_{cf} = C_{ef}\Phi_f n \tag{4.6}$$

式中 C_{ef}——测速发电机的电势常数;

Φ_{cf}——测速发电机的励磁磁通。

当 C_{ef},Φ_{cf} 不变时,E_{cf} 与转速 n 成比例,通过电阻 R_1 和 R_2 分压,在 E_{cf} 上取出 U_{cf} 作为反馈电压,则 U_{cf} 亦与转速 n 成比例,故称转速反溃。

若负载 T_{fz} 变化,而给定电压 U_g 不变,则系统可以通过测速发电机的反馈作用,稳定电动机的转速 n,其调整过程如下:

$T_{fz}\uparrow$(增大)$\rightarrow I_d\uparrow\rightarrow n\downarrow$(下降)$\rightarrow U_{cf}\downarrow\rightarrow \Delta U\uparrow\rightarrow U_k\uparrow\rightarrow \alpha\downarrow\rightarrow U_{d\alpha}\uparrow\rightarrow n\uparrow$(回升)

同理,当负载 I_{fz} 减小而引起转速 n 上升时,系统也会自动调整使转速 n 回降,其过程类同。这个系统调整的结果,只能使转速接近原值,而不能回到原值。这是因为当负载增加时,电枢电路(包括可控整流器及电枢部分)的总电阻 R_Σ 上的电压降产生电压增量 $\Delta I_d R_\Sigma$,使反电势

E_d 减小,即转速 n 减小。欲使 n 调回到原值,则可控整流器输出电压必须比以前增加 $\Delta I_d R_\Sigma$,以此来补偿电枢回路总电阻 R_Σ 上的电压增量。可控整流器输出电压增加的条件是使净输入电压 ΔU 增加,U_k 增大,控制角 α 减小。但欲增加 ΔU 只能减小 U_{cf} 而 U_{cf} 又正比于转速 n,U_{cf} 减小就意味着电动机转速 n 减小。所以转速只能回升到比原转速稍低一点的数值上,而不可能调整回原值。

由此可见,这种反馈系统有两个主要特点:

①有差调节。根据给定量与反馈量之差(误差),来改变整流输出电压,以维持转速近似不变。没有误差就不可能调节。

②系统的总放大倍数愈大,调节的准确度(静态精度)愈高。为了尽量维持被调量不变,误差 ΔU 应很小,很小的 ΔU 要能控制 $U_{d\alpha}$ 有足够大的增量,使之能最大限度地补偿 R_Σ 上的电压增量,即补偿负载变化所引起的转速降落。因此必须要求系统有足够大的放大倍数。

为了减小反馈环路以外的干扰,则要求给定电压应稳定,测速发电机的磁通应恒定不变,转速与感应电势之间的线性度也应好。

(2)转速负反馈 SCR-M 系统静特性分析

系统的静特性是指稳态时,电动机转速 n 与负载电流 I_d 之间的关系,即 $n = f(I_d)$。分析系统静特性的目的在于找出减少静态速降,扩大调速范围的途径,改善系统调速性能。

我们认为 SCR-M 系统中的放大器、触发器、晶闸管整流装置、测速发电机等的特性都是近似线性的或线性化了的,故可用求解线性电路的方法分析系统静特性。据图 4.11 分别写出各部分的方程表达式后,就可写出整个系统的方程表达式来。现分别叙述如下:

1)电动机电枢回路

电动机电枢回路的电压平衡方程式为

$$U_{d\alpha} = C_e \Phi_n + I_d R_\Sigma + \Delta E \tag{4.7}$$

式中 ΔE——晶闸管正向管压降(一般 $\Delta E < 1.2$ V);

  R_Σ——电枢回路总电阻。其表达为

$$R_\Sigma = r' + r_{t2} + r_p + R_d$$

其中 r'——主变压器全部漏抗折算到次级的等效电阻;

  r_{t2}——主变压器次级绕组电阻;

  r_p——平波电抗器绕组电阻;

  R_d——电动机电枢绕组电阻。

2)晶闸管整流装置

对于可控整流器而言,当负载电感 L 很大时,对应不同控制角 α 整流电压为

$$U_{d\alpha} = U_{d0} \cos \alpha \tag{4.8}$$

式中 U_{d0}——$\alpha = 0$ 时整流电压的平均值;

  α——晶闸管控制角。

从式(4.8)可知,可控整流器的输出电压 $U_{d\alpha}$ 是控制角 α 的余弦函数。当控制角 $\alpha = 90°$ 时,整流电压 $U_{d\alpha} = 0$,此时对应的放大器输出电压 $U_k = 0$。当放大器输出电压增加时,触发器脉冲前移,α 减小,整流电压 U_{d0} 从 0 逐渐增大;当放大器输出电压 U_k 在到最大值时,$\alpha = 0°$,整流电压达到最大值 $U_{d\alpha} = U_{d0}$。因此,可控整流器输出电压 $U_{d\alpha}$ 与放大器输出电压 U_k 之间关

系,可近似看成线性关系,即可写成

$$U_{d\alpha} = K_{kz}U_k \tag{4.9}$$

式中 K_{kz} ——晶闸管整流装置放大倍数(它包括触发器和晶闸管整流器在内)。

3)放大器

放大器输出电压为:

$$U_k = K_p\Delta U = K_p(U_g - U_{cf}) \tag{4.10}$$

式中 K_p ——放大器电压放大倍数。

4)转速反馈回路

$$U_{cf} = \frac{R_2}{R_1 + R_2}E_{cf} = \frac{R_2}{R_1 + R_2}C_{ecf}\Phi_{cf}n = K_{cf}n \tag{4.11}$$

$$K_{cf} = \frac{R_2}{R_1 + R_2}C_{ecf}\Phi_{cf} = \alpha_{cf}C_{ecf}\Phi_{cf}$$

式中 K_{cf} ——速度反馈系数;

$\alpha_{cf} = \dfrac{R_2}{R_2 + R_2}$ ——反馈电压比例系数;

C_{ecf} ——测速发电机电势常数;

Φ_{cf} ——测速发电机的主磁通。

对以上各环节表达式(4.7)、(4.9)、(4.10)、(4.11)进行代换整理后,可得出系统静持性方程式:

$$n = \frac{K_{kz}K_pU_g - I_dR_\Sigma - \Delta E}{C_e\Phi + K_pK_{cf}K_{kz}} = \frac{K_pK_{kz}U_g - \Delta E - I_dR_\Sigma}{C_e\Phi\left(1 + \dfrac{K_pK_{cf}K_{kz}}{C_e\Phi}\right)}$$

$$= \frac{K_gU_g - \Delta E}{C_e\Phi(1 + K)} - \frac{R_\Sigma}{C_e\Phi(1 + K)}I_d = n_{0b} - \Delta n_b \tag{4.12}$$

式中 $K_g = K_pK_{kz}$ ——从给定电压到可控硅整流电压的放大倍数;

$K = \dfrac{K_pK_{cf}K_{kz}}{C_e\Phi}$ ——闭环系统总放大倍数;

$\Delta n_b = \dfrac{R_\Sigma}{C_e\Phi(1 + K)}I_d$ ——闭环系统转速降落;

$n_{0b} = \dfrac{K_gU_g - \Delta E}{C_e\Phi(1 + K)}$ ——闭环系统理想空载转速。

图 4.12 为该系统静态结构框图,图中方块内的符号代表该环节的放大倍数,或称之传递系数。运用结构图运算方法也可推出式(4.12)表达的静特性方程来。

比较闭环系统静特性和开环系统静特性,可清楚地看出闭环系统的优越性。如果将反馈回路断开,则该系统开环的静特性方程为:

$$n = \frac{K_pK_{kz}U_g - \Delta E}{C_e\Phi} - \frac{R_\Sigma I_d}{C_e\Phi} = N_{0k} - \Delta n_k \tag{4.13}$$

如果将闭环的理想空载转速和开环的理想空载转速值调得一致(方法是将闭环系统的给定电压 U_g 增大 $(1 + K)$ 倍,即 $n_{0b} = n_{0k}$),则闭环系统静特性方程可写为

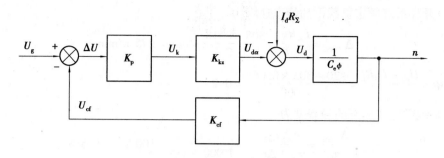

图 4.12　转速负反馈闭环系统静态结构框图

$$n = n_{0b} - \frac{R_\Sigma I_d}{C_e \Phi (1+K)} = n_{0b} - \Delta n_b \tag{4.14}$$

比较式(4.13)与式(4.14)可得

$$\Delta n_b = \frac{R_\Sigma I_d}{C_e \Phi (1+K)} = \frac{\Delta n_k}{1+K} \tag{4.15}$$

式(4.15)说明系统加转速负反馈后,在同样负载下,转速降落仅为开环时的 $1/(1+K)$,放大倍数 K 愈大,闭环的转速降落愈小。

据式(4.4)可知有转速负反馈的闭环系统的调速范围 D_b 为

$$D_b = \frac{m_{0max} S_1}{\Delta n_b} = \frac{n_{0max} S_1}{\Delta n_k / (1+K)} = (1+K) D_4 \tag{4.16}$$

式中　D_k——该系统开环时调速范围。

式(4.16)表明,闭环系统的调速范围为开环系统调速范围 $(1+K)$ 倍。K 愈大,D_b 愈大。

综上所述,当负载相同时,闭环系统的静态速降 Δn_b 减小为开环系统静态速降 Δn_b 的 $1/(1+K)$;如果电动机的最高转速相同,而对静差度的要求也一样,那么,闭环系统的调速范围 D_b 是开环系统调速范围 D_k 的 $(1+K)$ 倍。即闭环系统可获得比开环系统硬得多的特性,从而可在保证一定静差度的要求下,大大拓宽调速范围。K 愈大愈好,但 K 太大,系统稳定性差。

转速负反馈调速系统的静特性,当 U_g 一定时,$n = f(I_d)$ 可由图 4.13 表示。比较闭环系统静特性与开环系统静特性可见,负反馈系统转速降落明显减小。

例 4.1　某龙门刨床工作台采用转速负反馈 SCR-M 系统。已知:

①直流电动机为 Z_z-93 型,$P_{ed} = 60$ kW,$U_{ed} = 220$ V,$I_{ed} = 305$ A,$n_{ed} = 1\ 000$ r/min,$R_d = 0.066\ \Omega$;

②三相桥式可控硅整流电路,触发器—晶闸管环节的放大倍数 $K_{kz} = 30$;

③动力电器总电阻 $R_\Sigma = 0.18\ \Omega$;

④速度反馈系数 $K_{cf} = 0.015$ V/(r · min^{-1});

⑤要求调速范围 $D = 20$,静差度 $S \leqslant 5\%$。

求:1)采用开环系统 Δn_{edk},S_{edk} 是否满足要求?

2)采用闭环系统的 Δn_{edb},K,K_p 值。

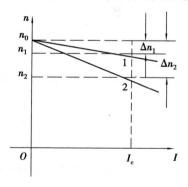

图 4.13　静特性比较
1—有反馈　2—无反馈

解:1)开环系统额定负载下的静态速降为

$$\Delta n_{dek} = \frac{I_{ed}R_{\Sigma}}{C_e\Phi} = \frac{305 \times 0.18}{0.2} \text{ r/min} = 275 \text{ r/min}$$

其中　$C_e\Phi = \frac{U_{ed} - I_{ed}R_d}{n_{ed}} = \frac{220 - 305 \times 0.066}{1\,000} = 0.2$

开环系统额定转速下的静差度为

$$S_{edk} = \frac{\Delta n_{edk}}{n_0} = \frac{\Delta n_{dek}}{n_{ed} + \Delta n_{edk}} = \frac{275}{1\,000 + 275} \times 100\% = 21.6\%$$

显然,$S_{edk} = 21.6\% > 5\%$,不能满足要求。

2)采用闭环系统,如果满足 $D = 20$,$S = 5\%$,则额定负载下电动机静态速降为:

$$\Delta n_{edb} = \frac{n_{ed}S}{D(1-S)} = \frac{1\,000 \times 0.05}{20(1-0.05)} \text{ r/min} = 2.63 \text{ r/min}$$

因　　　　　　　　　　　　$\Delta n_{edb} = \frac{\Delta n_{edk}}{1+K}$

所以　　　　　　$K = \frac{\Delta n_{edk}}{\Delta n_{deb}} - 1 = \frac{275}{2.63} - 1 = 103.6$

又因　　　　　　　　　　$K' = K_p K_{cf} K_{kz}/C_e\Phi$

故　　　　　　$K_p = \frac{KC_e\Phi}{K_{cf}K_{kz}} = \frac{103.6 \times 0.2}{30 \times 0.015} = 46$

即要求系统的放大器的放大倍数不小于46,才能满足静态调速指标的要求。

公式 $\Delta n_{ed} = \frac{n_{ed}S}{D(1-S)}$ 或 $D = \frac{n_{ed}S}{\Delta n_{ed}(1-S)}$ 可由调速范围及静差度的基本公式导出。即

$$D = \frac{n_{ed1}}{n_{ed2}} = \frac{n_{ed1}}{n_{02} - \Delta n_{ed}}$$

额定负载下最低转速时静差度为

$$S = \frac{\Delta n_{ed}}{n_{02}}$$

代入上式可得

$$D = \frac{n_{ed1}}{n_{02} - \Delta n_{ed}} = \frac{n_{ed1}}{n_{02}(1 - \frac{\Delta n_{ed}}{n_{02}})} = \frac{n_{ed1}}{\frac{\Delta n_{ed}}{S_2}(1-S_2)}$$

$$= \frac{n_{ed}S_2}{\Delta n_{ed}(1-S_2)}$$

式中　n_{ed1}——额定负载时电动机最高转速;

$\quad\quad n_{ed2}$——额定负载时电动机最低转速;

$\quad\quad \Delta n_{ed}$——额定负载时电动机转速降落;

$\quad\quad n_{02}$——电动机最低理想空载转速;

$\quad\quad S_2$——额定负载下最低转速时的静差度。

4.2.3　电压负反馈和电流正反馈调速系统

　　从维护、安装和经济性考虑,电压负反馈和电流正反馈调速系统是常用的调速方案之一。系统如图4.14所示。从并联在电枢两端的电位器 RP_2 上取出一部分电压 U_r 作为负反馈电压;从串联在电枢回路中的电阻 R 上取一部分电压降 I_dR 作为电流正反馈电压。二者反极性串联组成系统负反馈电压 $U_f = U_r - I_dR$,反馈到系统的输入端,与给定电压相比较形成闭环系统的输入电压:$\Delta U = U_g - U_f = U_g - U_r + I_dR$,经放大、触发电路,可控整流电路输出电压 $U_{d\alpha}$,使电动机稳定在某一转速 n 下运转。若电压负反馈的电阻分压比与电流正反馈电阻 R,能满足关系式:

$$r = \frac{r_2}{r_2 + r_1} = \frac{R}{R + R_d} \tag{4.17}$$

则反馈电压为

$$
\begin{aligned}
U_f &= U_r - I_dR = \frac{r_2}{r_2 + r_1}U_{d\alpha} - \frac{R}{R + R_d}(R + R_d)I_d \\
&= r[U_{d\alpha} - I_d(R + R_d)] = rE_d
\end{aligned}
\tag{4.18}
$$

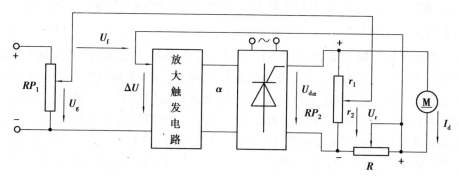

图4.14　带有电压负反馈和电流正反馈的调速系统

　　式(4.18)表明 $U_f \propto E_d$,当电动机励磁 Φ 不变时,$U_f \propto n$。由此可见,电压负反馈与电流正反馈配合得当,可以达到转速负反馈的效果。但由于 R_d,R,r_1 与 r_2 的材质及工作条件不同,阻值随温度变化亦不相同,因此,式(4.17)只能在一定范围内近似成立。这种系统的调速范围大约在 $10 \sim 20$ 之间,它能省掉测速电机。

　　(1)电压负反馈环节

　　将图4.14中可变电阻 R 滑头移至左端,使 $R = 0$,$I_dR = 0$,则系统只有电压负反馈环节。给定电压 U_g 不变,系统输入信号为 $\Delta U = U_g - U_r$,经放大触发器,可控整流输出开端电压 $U_{d\alpha}$ 使电动机运行在某一转速 n。当某种扰动使负载 T_{fz} 增加,n 下降时,I_d 增大,晶闸管主回路中的电阻压降 I_dr_Σ 增大,使电枢电压 $U_d = U_{d\alpha} - I_dr_\Sigma$ 减小。与此同时 U_r 随之减小,ΔU 则增大,使 U_d 回升到接近原值,部分地补偿由于负载增加而下降的转速。其调速过程为

　　$T_{fz}\uparrow \rightarrow n\downarrow \rightarrow I_d\uparrow \rightarrow U_{d\alpha}\downarrow \rightarrow U_d\downarrow \rightarrow U_r\downarrow \rightarrow \Delta U\uparrow \rightarrow \alpha\downarrow \rightarrow U_{d\alpha}\uparrow \rightarrow U_d\uparrow \rightarrow n\uparrow$

　　可见,电压负反馈环节具有自动调整转速作用,在一定程度上扩大调速范围。只有电压负反馈系统的静特性如图4.15之曲线2,与开环特性1相比减小了静态速降。但与转速负反馈

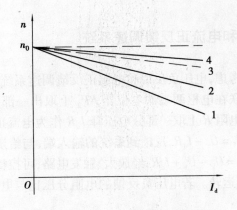

图 4.15　各种系统静特性

1—开环系统　2—电压负反馈系统　3—电压负反馈和电流正反馈系统　4—转速负反馈系统

系统静特性曲线4相比软得多。

因为转速负反馈系统被调量是转速,所以系统维持转速基本不变,而电压负反馈系统,被调量是电动机电枢电压 U_d,只能维持电压 U_d 接近不变。由式 $U_d = C_e\Phi n + I_d R_d$ 可知,当负载波动时,负载电流 I_d 产生变量 ΔI_d,在电枢电阻上产生压降增量 $\Delta I_d R_d$,在 U_d 不变时,必然迫使电动机转速降落增大。可见,由电枢压降增量 $\Delta I_d R_d$ 引起的转速降落未能得到补偿。

（2）电流正反馈环节

为了补偿因电枢压降变量 $\Delta I_d R_d$ 而引起的转速降落增大,在电压负反馈系统中,同时采用电流正反馈环节。其反馈电压 $I_d R$ 与给定电压 U_g 同极性,且与负载电流 I_d 成正比,故当 I_d 增大时,ΔU 也随之增大,使电动机端电压高于原值,来补偿 $\Delta I_d R_d$,从而使转速基本不变。须注意的是电流正反馈不能过强,过补偿时容易引起自激。显然更不能单独采用。

附加电流正反馈的电压负反馈系统的静特性曲线如图4.15之3所示,其特性硬度接近转速负反馈系统。如果式(4.17)成立,则曲线3与4重合。图4.16是该闭环系统的框图。

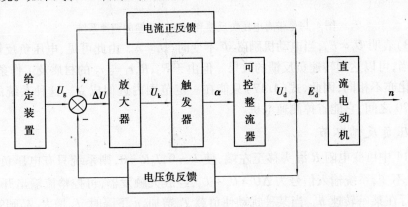

图 4.16　带电压负反馈和电流正反馈的调速系统

4.2.4　电流负反馈的应用

生产机械在工作过程中,经常要求电动机快速启动、制动,甚至处于堵转状态,电动机的电流会超过额定电流的许多倍,而且有反馈的系统比开环系统电流冲击还要大许多倍。过大的电流冲击对直流电动机的换向十分不利,容易损坏齿轮,烧毁晶闸管。直流电动机只允许短时间通过 2～2.5 倍额定电流,因此必须对启动、制动及堵转电流加以限制。若采用快速熔断器过电流继电器作为限流保护装置,会使机械工作中断,不利于自控系统。在闭环调速系统中,常采用电流截止负反馈环节作为限流保护。图 4.17 所示是具有电流截止负反馈环节的转速负反馈自动调速系统。图 4.18 为其框图。

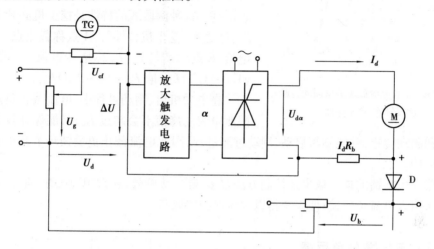

图 4.17　带有电流截止负反馈的转速负反馈系统

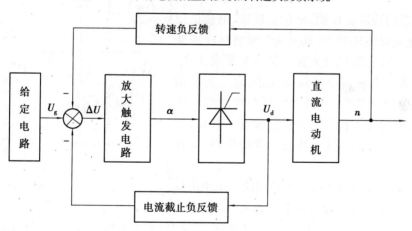

图 4.18　带电流截止负反馈的转速负反馈系统框图

电流截止负反馈电压 $I_d R_b$ 与负载电流 I_d 成正比,U_b 是比较电压,由另外电源供给。U_b 和二极管 D 决定了产生电流截止负反馈的条件。当 I_d 不大且 $I_d R_B \leqslant U_b$ 时,二极管 D 截止,电流负反馈不起作用,对系统放大电路无影响。当 I_d 大到 $I_d R_b > U_b$ 时,二极管 D 导通,电压 $(I_d R_b - U_b)$ 通过二极管以并联负反馈的形式加到放大器的输入端,减弱 ΔU 的作用,降低 $U_{d\alpha}$ 从而减小 I_d。

带电流截止负反馈的自动调速系统的静特性如图 4.19 所示。在正常工作情况下,负载电流 $I_d < I_0$,电流负反馈电压 $I_d R_b < U_b$ 而不起作用,系统具有转速负反馈特性,如 n_0-A 段所示,特性很硬。负载电流 $I_d > I_0$ 时,电流负反馈电压 $I_d R_b > U_b$,电流负反馈开始起作用,且随 I_d 的

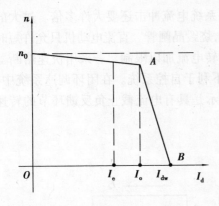

图 4.19　带有电流截上负反馈的转速
负反馈系统静特性

增大而负反馈愈来愈强,使可控整流电压 $U_{d\alpha}$ 迅速减小,电动机转速迅速下降,直到电动机堵转为止。堵转时 $n = 0$,$I_d = I_{dw}$,使堵转电流仍限制在允许的范围内。如 A-B 段所示。

特性 n_0-A 段,电流负反馈截止,系统具有纯转速负反馈的特性;A-B 段电流负反馈参与作用,特性变软下垂。这种两段式的特性是挖土机必须具备的特性,称之为"挖土机特性"。A 点称截止点,I_0 称截止电流,B 点称堵转点,I_{dw} 称堵转电流。一般取 $I_0 = (1.0 \sim 1.2)L_{ed}$,取 $I_{dw} = (2 \sim 2.5)I_{ed}$。

在电动机启、制动过程中,电流截止负反馈既能限制电流的峰值不会超过 I_{dw},又能保证具有允许的最大启动和制动转矩,并能缩短启动、制动过渡过程,因此电流截止负反馈环节几乎被各种调速系统所采用。

电流截止负反馈的信号取出及控制方法很多,除二级管外,还常用稳压管、直流互感器,均可在过流时引入电流负反馈,使系统得以限流保护性调节。

4.2.5　电压微分负反馈

以上介绍的转速负反馈、电压负反馈、电流正反馈、电流截止负反馈环节等,其反馈信号直接反映某一参量的大小,即反馈信号直接与某一参量成正比,统称为硬反馈。自动调速控制系统中,常用的反馈还有电压微分负反馈等,其反馈信号与电压的一次导数成正比,凡是反馈信号不直接反映某一参量,而是与某参量的一阶或二阶导数成比例的反馈,统称为软反馈。

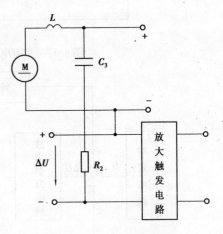

图 4.20　电压微分负反馈

图 4.20 为电压微分负反馈原理电路。图中电枢电压通过 C_3R_2 支路加到放大触发电路输入端,若选择电枢电压升高时微分值的极性与 ΔU 的极性相反,则构成并联微分负反馈形式。系统引入电压微分负反馈后,可以大大减弱因系统放大倍数大而造成的电动机转速忽快忽慢的振荡。改善系统的动态特性。

4.2.6　无静差调速系统

前面讨论的自动调速系统是采用一般放大器调节系统,无论放大倍数多大,也不能维持被调量完全不变,系统是靠误差进行调节的,称为有静差调速系统。其放大器只是一个完成按比例放大的调节器,靠被调量(转速)与给定量之偏差工作的。引入 PI 调节器系统就可以实现无静差调速。

(1)PI 调节器

自动控制系统中常用运算放大器的输入与输出的关系来调节系统的状态,故把这种运算放大器称为调节器。

PI 调节器是同时具有比例运算和积分运算两种作用的放大器,其电器结构和特性如图4.21所示。输出电压 ΔU_2 可写成

$$\Delta U_2 = -\left(K_p \Delta U_1 + \frac{1}{\tau_i}\int \Delta U_1 dt\right) \tag{4.19}$$

式中　$K_p = R_2/R_1$——PI 调节器的比例系数;

　　　$\tau_i = R_1 C_2$——PI 调节器的积分时间常数。

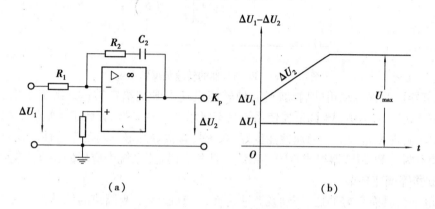

图 4.21　比例积分调节器的原理和特性

(a)原理图　(b)特性

由式(4.19)知,调节器输入电压 ΔU_1 为一恒值时,输出电压 ΔU_2 由一跃变量和随时间线性增长的两部分组成。变化规律如图 4.21(b)所示。

在刚加入 ΔU_1 瞬间,C_2 两端电压不能突变,$\Delta U_c = 0$,C_2 相当于短路,调节器只起比例调节作用,输出电压有一跃变,$\Delta U_2 = -K_p \Delta U_1$。与此同时 C_2 充电开始积分运算,使输出电压 ΔU_2 在比例输出的基础上,叠加按积分 $\frac{1}{\tau_i}\int \Delta U_1 dt$ 增长的部分,增长的快慢取决于 $\tau_i = R_1 C_2$。若 ΔU_1 作用的时间足够长时,则 ΔU_2 将上升到调节器的最大输出电压 U_{max}(限幅值),然后保持不变。

PI 调节器能实现比例、积分两种调节功能,它既具有比例调节器较好的动态响应特性,良好的快速性;又具有积分调节器的静态无差调节功能。只要输入有一微小信号,积分就进行,直至输出达限幅值为止;在积分过程中,输入信号突然消失(变为零),其输出还始终保持输入信号消失前的值不变。这种积累、保持特性,使积分调节器能消除控制系统的静态误差。

(2)带有 PI 调节器的自动调速系统

用 PI 调节器取代有静差调节系统中的一般比例放大器,便组成无静差调节系统。图4.22所示是带有 PI 调节器的转速负反馈无静差调速系统。其静态结构图同图4.12为单闭环调速系统。PI 调节器在系统中起维持转速不变的作用,亦称速度调节器。给定电压 U_g 与转速反馈电压 U_{ef} 之差作为调节器的输入电压 ΔU_1,输入等效电路与图4.21(a)相同。调节器的输出 $\Delta U_2 = U_k$ 送入触发电路,控制整流输出电压 $U_{d\alpha}$,进而调节转速 n。

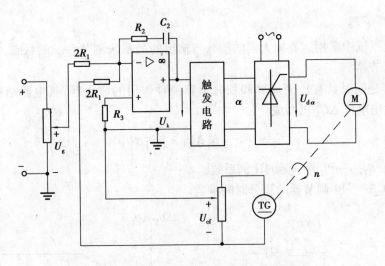

图 4.22　带 PI 调节器的转速负反馈系统

　　PI 调节器可改善电动机的启动特性,使转速迅速上升到给定转速。系统在稳定时,净输入电压 $\Delta U = U_g - U_{cf} = 0$。PI 调节器使系统具有灵敏的抗扰动能力,能迅速消除因扰动而产生的转速偏差,实现无差调节。稳速性能良好,系统具有很好的静态与动态特性。在要求更高的场合,可采用两个 PI 调节器组成双闭环系统。此外,在调速系统中应用的还有比例-积分-微分(PID)调节器等调速环节。

　　直流电动机具有良好的启、制动及调速特性,一直成为工业调速的原动机。经多年研制、改进、创新,直流调速系统已拥有许多调速范围宽,平滑性好,调速精度高的成熟电路。负反馈是直流调速系统中的关键环节及核心部件。往往在一个好的直流调速系统中,要引入和采用几个反馈环节。如某机床厂生产的 SA7512 螺纹磨床主传动为晶闸管-直流电动机调速系统。为达到调速指标要求,该系统采用转速负反馈、电流截止负反馈及电压微分负反馈,使得调速特性硬、调速范围宽,具有起制动、换向的限流保护,并提高了系统的静态和动态性能。其控制系统的方框图如图 4.23 所示。又如广泛适用于小型机床的 DT006 直流无级调速系统,采用了电压负反馈和电流正反馈,电压微分负反馈及电流截止负反馈环节。如图 4.24 所示。

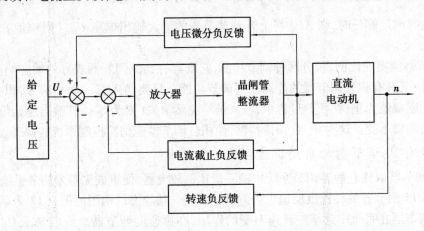

图 4.23　SA7512 螺纹磨床主传动控制系统方框图

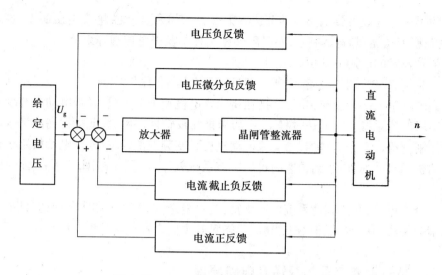

图 4.24　DT006 直流无级调速系统方框图

4.3　交流调速系统

交流电动机,特别是交流异步电动机,它具有结构简单,运行可靠,坚固耐用,维护方便;在容量、电压、转速及适应环境能力上,都可以远高于直流电动机;且比相同容量的直流电动机体积小、重量轻、造价低、效率高等优点。因此,交流电动机的调速问题,一直是世界各国研究的课题。以前在调速领域中,交流调速方案只应用于对调速要求不太高的场合,或只能作为直流调速的一个补充手段。其原因是相对直流调速系统而言,交流调速系统的经济指标要低些,控制系统更复杂些,使用上自然有局限性。近代电力电子技术的发展,特别是晶闸管的出现及应用,为交流调整的进一步发展创造了条件。各种类型的交流调速系统相继推出,有的调速性能十分良好。

4.3.1　交流调速的类型

从交流异步电动机的转速公式

$$n = (1 - S)n_1 = (1 - S)\frac{60f_1}{P}$$

可见,要调节异步电动机的转速,应从改变 P,S,f_1 三个参量入手,因此交流调速有三类方案:

①变极调速——对鼠笼式异步电动机改变其定子绕组的极对数 P,用改变定子绕组的联接或另设绕组的方法可得到 Δ/YY,Y/YY 双速电动机,三速、四速等电动机,此为有级调速。

②变转差率调速——对绕线式异步电动机转子绕组串接电阻的调阻调速;转子电路引入附加电热的串级调速;电磁离合器滑差调速及改变定子绕组电压法等变转差率 S 的调速法。可实现无级调速。

③变频调速——改变供电频率的调速方案有交-交变频器;交-直-交电压源型变频器及交-直-交电流源型变频器;脉宽调制型逆变器;转差率控制及矢量控制等系统。

按晶闸管技术的应用方式可分下列三类:

①采用晶闸管交流调压电路,调节电动机定子电压从而调节转速;

②由晶闸管组成一套变流装置,串接在绕线式电机转子电路里,异步电动机与变流装置共同组成了串级调速系统。在调速过程中,把转差能量反馈回电网,为此能提高经济效益;

③用晶闸管组成静止变频器,给交流电动机提供变频电源,通过改变电动机定子供电频率而改变电动机同步转速,以达到调速的目的。该系统效率高,调速范围广,是一种合理的理想调速系统。

由以上分类可见,交流调速系统内容丰富,技术复杂,许多理论和实际问题,已成为近年国内外技术学会关注的课题,限于本书篇幅,只能对其主要内容进行简单介绍。

4.3.2　晶闸管交流调压及逆变电路原理

(1)晶闸管交流调压电路

图4.25(a)为单相交流调压电路,SCR_1 与 SCR_2 反并联后串入负载 R_{fz} 的电路里。当交流电压 u 处于正半周时,在控制角为 α 的时刻触发 SCR_1 导通,u 经过零的时刻 SCR_1 自行关断。负半周在同一控制角 α 下触发 SCR_2 导通,如此不断重复。R_{fz} 上可得如图4.25(b)所示的对称交流电压波形,改变控制角 α 就可改变 R_{fz} 上交流电压的大小,其电压有效值为

$$U_{fz} = U \sqrt{\frac{2(\pi - \alpha) + \sin \alpha}{2\pi}} \tag{4.20}$$

式中　U——输入交流电压有效值。

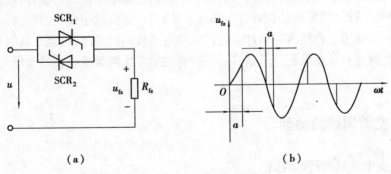

图4.25　单相交流调压
(a)电路　(b)波形

有时把这种方式称为相控方式的交流调压电路,它的输出波形中的高次谐波较大,对电机类负载不利。交流调压的触发电路,原理上与可控整流的触发电路相同,但应使每个周期输出的几个脉冲彼此绝缘。

(2)晶闸管逆变电路

从交流电转换成直流电的过程叫整流,而把相反的过程叫逆变。实现逆变的装置叫逆变器。一套晶闸管电路既能整流又能逆变,则称为变流器。变流器工作在逆变状态时,把直流逆

变成交流反馈回电网称为有源逆变,它用于直流电动机可逆调速和绕线式异步电动机的串级调速中,若不反馈给交流电网而是供给交流负载,则称为无源逆变,它广泛用于交流电机的变频调速中。

逆变器由逆变电路和换流电路组成,其简单原理如下:

①逆变器工作原理

逆变器实际电路很多,图4.26(a)所示为一种桥式逆变器原理图。当开关 K_1,K_4 闭合,K_2,K_3 断开时,负载电压 $u_{fz} = E$,经过一定的时间间隔后,将开关 K_2,K_3 闭合,K_1,K_4 断开,有 $u_{fz} = -E$。如果以相等的时间间隔交替地闭合 K_1,K_4 和 K_2,K_3,则负载上可获得如图4.26(b)所示的交流电压波形。用晶闸管取代四个开关就得到如图4.26(c)所示的电路。显然,交流电的频率取决于每秒内两组晶闸管导通与关断的次数。

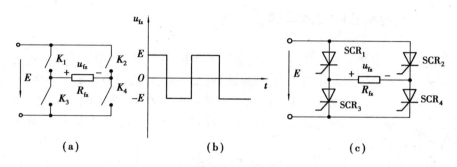

图 4.26　逆变器工作原理
(a)原理线路　(b)波形　(c)晶闸管组成的逆变器

②逆变器的换流

从桥式逆变器工作可知,在任何瞬时每个桥臂上至多只能有一个 SCR 导通,另一个必须截止。当由前一个 SCR 换为后一个 SCR 导通时,前一个必须可靠地关断,这个过程称作换流过程,它是整个逆变器能否正常工作的关键。因为逆变器用直流电源供电,晶闸管始终承受正向电压,触发容易,而关断则困难,一般是加反向电压关断,强迫换流。强迫换流原理如图4.27(a)所示,R_{fz} 是负载,C 是换流电容。设 SCR$_1$ 导通,SCR$_2$ 截止,负载 R_{fz} 上电流为 $I = E/R_{fz}$,电容 C 由 R_1 充电到 $u_c = -E$,极性左负右正。如欲换流可触发 SCR$_2$ 导通,电容 C 上负值电压加到 SCR$_1$ 上,使其承受反向电压而关断。开始瞬间 C 通过 SCR$_2$,SCR$_1$ 放电,到 SCR$_1$ 完全关断后,C 通过 SCR$_2$,E,R_{fz} 放电,待 $u_c = 0$ 后,C 又反方向充电到 $u_c = E$,波形如图 4.27(b)所示。欲换成 SCR$_1$ 导通,只要触发 SCR$_1$ 就会发生类似上述的过程而强迫 SCR$_2$ 关断。u_c 为负值的时间 t_0 也就是在 SCR 上加反向电压的时间。晶闸管 SCR 从导通到关断的时间称固有时间 t_g,只要 $t_0 > t_g$,SCR 关断就可靠,换流才能成功。

图 4.27(a)只是解释换流过程的原理,不能实际应用,因为负载 R_{fz} 上没有得到交流电。实际的强迫换流电路很多,如串联电感式、串联二级管式及带辅助晶闸管式等。产生换流脉冲的能量,通常是由换流电容提供的。

近年来出现一种控制极可关断晶闸管(GTO),用它组成的逆变电路无需设置庞大的换流电路,只要在控制极上加负向电流就能关断晶闸管,目前因受元件的额定值所限,还仅用于小功率换流。日本东芝公司 1977 年已研制成功大功率 CTO 晶闸管的芯片 S6195(600 V - 600 A)、S6199(1 300 V - 600 A)。此类器件是逆变器小型化的发展方向。

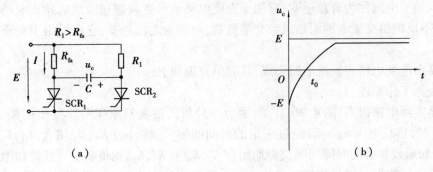

（a）　　　　　　　　　　　　　（b）

图 4.27　强迫换流原理图

4.3.3　交流电动机的变频调速

变频调速是以一个频率及电压可变的电源,向异步(或同步)电动机供电,从而调节电动机转速的方法。在宽范围的调速过程中,从高速到低速都可以保持有限的转差率,较高的效率和高精度的调速性能。对鼠笼式异步电动机来说是一种比较合理和理想的调速方法。过去,变频电源是采用一整套复杂的变频机组或离子变流设备,设备庞大,可非性差,近年来已被晶闸管静止变频装置所取代。

变频调速可分为两类:第一类由恒频恒压的交流电,经过整流再逆变成变频变压的交流电,称为带直流环节的间接变频调速或交-直-交变频。其中又根据从直流到交流的中间环节滤波方式的不同,可形成两种不同的线路。一种由电容滤波,叫电压型(恒压源);另一种由电感滤波,叫电流型(恒流源)。第二类是由恒频恒压的交流电,直接变成变频变压的交流电,称为直接变频调速或交-交变频。它只有一次换能过程,效率高。但它是利用电源电压过零点换流,从理论分析可知,输出的最高频率只有电网频率的 $1/2 \sim 1/3$,所以只用于低速大容量场合。下面介绍在机床上用得较多的交-直-交变频调速系统。

（1）电压型变频器

图 4.28 是电压型变频器动力电路的基本结构框图,它由可控整流器、滤波器和逆变器三部分组成。

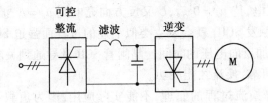

图 4.28　电压型变频器基本结构

从电工学知,异步电动机定子电压为:

$$U_1 \approx E_1 = 4.44 f_1 N_1 \Phi$$

或
$$\Phi \propto U_1 / f_1 \tag{4.21}$$

式中　U_1——定子每相电压有效值;

　　　f_1——定子电流频率;

E_1——定子每相绕组感应电动势有效值;

N_1——定子每相绕组匝数;

Φ——旋转磁场的每极磁通。

若外加电压不变,则$\Phi \propto 1/f_1$。一般电机设计时都把Φ值选在接近饱和的数值上,因此当频率下降后,由式(4.21)知,磁路过饱和,定子电流会很大使得铁心过热,这是不允许的。为此在降频的同时必须降压,这就要求对频率与电压协调控制。通过可控整流改变电压大小,通过逆变获得频率的改变。由理论分析得出,当定子电压与频率成正比改变时,即

$$U_1/U_{1e} = f_1/f_{1e} \tag{4.22}$$

式中 U_{1e}——电动机的额定相电压;

f_{1e}——电动机的额定定子频率。

其电动机的输出为恒转矩,输出的功率与定子电流频率成正比。当定子电压与频率的平方根成正比改变时,即

$$U_1/U_{1e} = \sqrt{\frac{f_1}{f_{1e}}} \tag{4.23}$$

电动机输出恒功率,输出的转矩与定子电流频率成反比。

由于变频器的负载是交流电动机,它是感性负载,不论在何种工作状态下功率因数总小于1,故在直流回路与电动机之间存在无功能量交换。此无功能量只能由直流回路中的储能元件来缓冲,对于电压型变频器缓冲元件采用滤波电容,因而电源内阻抗很小,类似恒压源。逆变器输出电压为比较平直的矩形波。

逆变器把直流变成三相交流输出,控制逆变器换流触发脉冲的相位,就能改变交流电的频率。简单的三相电压型逆变器动力电路(不包括换流部分)电路结构如图4.29所示。设每一个SCR的导通角为π,使其按$SCR_1, SCR_2, \cdots, SCR_6$的顺序触发导通,各触发信号彼此相差$2\pi/3$,换流瞬时完成,则任何瞬时每一个臂上只有一个SCR导通,而三个臂上各有一个SCR导通。若以直流负端N为参考点,通过等值电阻串并联电路可求出各相电压u_{AO}, u_{BO}, u_{CO}的波形(图4.30)。它是一个周期由六段矩形波组成的三组交流波形。用谐波分析法可得出基波和高次谐波的大小。与晶闸管反并联的二极管作用是,在该晶闸管由截止转为导通时,给负载滞后电流提供一个通道,通道二极管将无功能量反馈给滤波电容。

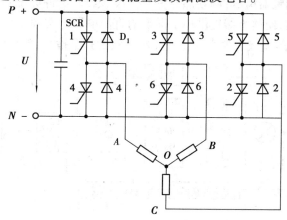

图4.29 三相桥式逆变电路

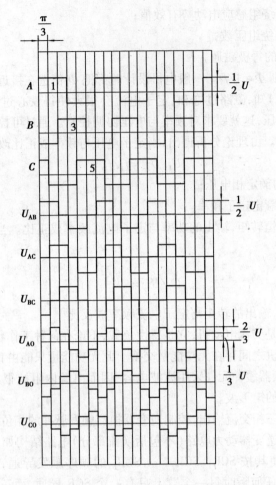

图 4.30　三相逆变器输出波形

这种线路结构简单,使用比较广泛。其缺点是在深度控制时,电源侧功率因数低;因存在较大的滤波环节,动态响应较慢。

图 4.31 为一种电压闭环、频率开环的电压型变频系统的方框图。控制系统的调压部分由电压调节器和控制角调整器组成;调频部分由 U/F 变换器和脉冲分配器组成。调压部分能取出电压并构成闭环控制,使整流器提供稳定准确的直流电压。调频部分是将加在给定器上的指令电压给 U/F 变换器,变成与速度给定电压相一致的频率指令,脉冲分配器把来自 U/F 变

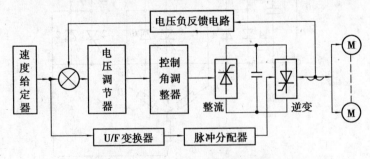

图 4.31　电压型变频系统方框图

换器的信号,六个一组依次分配并经脉冲放大后,顺序触发逆变器中六个晶闸管,从而实现逆变。对于频率的控制属于开环控制。

这个系统能带动多台电机转动。由于直流输出电压稳定,因此异步电动机的转速精度仅决定于 U/F 变换器的精度及电机本身的转差率。前者可以做得很高,后者一般情况下为 $3\% \sim 8\%$,故可以采用开环控制。

上述设备的缺点有:

①需两套可控的功率级装置及其控制电路,装置庞大。

②因可控整流输入端的功率因数随输出电压而变化,若输出电压低时功率因数也低。

③由于滤波环节的惯性作用,使调压动态过程缓慢,影响系统的快速性。

④在六段输出波形中存在很大的 5,7 次谐波,引起谐波发热和负转矩分量,限制了转速的下限。

克服这些缺点有多种办法,脉宽调制变频器优点显著,是人们广泛重视的一种方法。

(2)脉冲宽度调制型变频器

图 4.32 所示脉冲宽度调制(PWM)型变频调速系统。首先将电源经二极管整流器变成固定直流电压,再由一套功率晶闸管组成的 PWM 逆变器将直流电压逆变成频率和电压同时可调的交流电压供给负载。

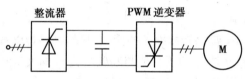

图 4.32　脉冲宽度调制型变频系统

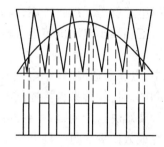

图 4.33　正弦波脉冲调制

脉宽调制法是通过快速开关的通断作用,把直流电压在交流半周期中,变换成一系列等幅脉冲的一种方法。改变开关的通断时间比(即导通率),就可改变输出电压的大小。改变规定的交流半周期长短,就可改变输出电压的频率。具体调制方法很多,最常用的是正弦波 PWM。如图 4.33 所示,用一个等腰三角形的载波与所要求的频率正弦信号相比较,在两波交点处控制 SCR 的开或关,从而决定了所产生的脉冲位置,在整个半周期中,输出脉冲宽度按正弦规律变化,即脉冲宽度逐渐加大,然后再逐渐变小,在一定位置上的脉冲宽度,必须与脉冲所在位置的正弦波下包含的面积成比例。这样,负载上的基频电压也按照调制的正弦波规律变化。改变正弦波频率,可调节负载电压基波频率;改变正弦波的幅值,可调节输出电压的大小。

电力拖动系统中应用 PWM 技术,很多方面是有利的。对于直流供电的交流电气拖动,采用 PWM 逆变器只有一次功率变换,因而是一种值得采用的方案。从工业应用来看,PWM 拖动系统用不可控整流获得直流电源,所以有较高的功率因数和效率,且调节部位较少。特别在电动机运行时,具有近似正弦波的电流,在非常低的频率下,能使转矩运行特性平滑,不会在反转时卡死在零转速。在总的运行特性方面 PWM 系统可与直流拖动相抗衡。此外,PWM 拖动系统允许用一个公共的直流母线向若干台逆变器供电,实现多台异步电动机同步运转,使设备更为紧凑。对于大型机床而言,可认为是最有利的配置方案。

　　PWM 拖动比其他变频调速系统需要更为复杂的逻辑控制系统,因为必须合理设计调制方式,使电动机端电压中不需要的谐波影响减至最小程度。这些谐波能导至发热、卡死、振动和瞬间冲击电流等。不解决这些问题,PWM 系统的优点将得不到充分发挥。

　　(3)矢量变换控制原理

　　矢量变换控制的基本思路如下:

　　任何拖动控制系统均服从于基本运动方程式:

$$T - T_z = \frac{GD^2}{375} \cdot \frac{\mathrm{d}n}{\mathrm{d}t}$$

由此可见,在恒转矩负载的启动、制动和调速中,如果能够控制电磁转矩 T 恒定,即可获得恒加(减)速运动;在突加负载扰动时,如果能够尽量迅速地把电磁转矩 T 提高上去,即可获得较小的动态速降和较快的恢复时间。总之,调速系统的动态性能,就是对电磁转矩的控制性能。先分析一下直流电动机电磁转矩和交流异步电动机电磁转矩的异同。

　　直流他激电机电磁转矩与电枢电流 I_d 关系是:

$$T = C_t \Phi I_d$$

对于补偿较好的电机,电枢反应影响很小,当励磁电流不变时,转矩与电枢电流成正比。控制电枢电流就等于控制转矩,因此,良好的动态性能是比较容易实现的。

　　三相异步电动机转矩与转子电流 I_2 的关系是:

$$T = C_t \Phi I_2 \cos \varphi_2$$

其中,气隙磁通 Φ、转子电流 I_2、转子功率因数 $\cos \varphi_2$ 都是转差率 S 的函数,显然都是难以直接控制的。比较容易直接控制的是定子电流 I_1,而它又是 I_2 的折合值与励磁电流 I_0 的矢量和。

　　要解决这个问题,一种办法是从根本上改造交流电机,改变其产生转矩的规律,但这方面研究成效尚少。另一种办法是在普通的三相交流电动机上设法模拟直流电动机控制转矩的规律,1971 年由德国 Blaschke 等人首先提出的矢量变换控制(Transvector Control)就是这种控制思想的实现。

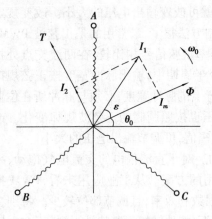

图 4.34　矢量变换

　　矢量变换控制的基本思路是按照产生同样的旋转磁场这一等效原则建立起来的。

　　电工学中已知,三相固定的对称绕组 A,B,C;通以三相正弦平衡交流电流 i_a,i_b,i_c 时,即产生转速为 w_0 的旋转磁场 Φ,三相电流的合成磁势为 F_1,其相拉与合成电流 I_1 一致,均超前 Φ 一个相位角 ε,同样以 w_0 旋转。如图 4.34 所示。

　　在图 4.34 中,如果把三相合成电流 I_1 投影到磁通方向的轴上得 I_m,I_1 投影到与 Φ 正交的 T 轴上得 I_2。这一个新的直角坐标 T-Φ 是按 w_0 转速旋转的,如果跟随着 T-Φ 坐标一起按 w_0 转速旋转,此时 I_m 和 I_2 与直流电机中的功能完全一样,I_m 为励磁电流,I_3 为电枢电流,在一个旋转坐标中去控制 I_m 和 I_2 其效果则与控制一个直流电机一样。这样就把控

与后者相同。由此可见,若用象限变换法,不管哪一种直线和圆弧,脉冲分配计算都按照第一象限逆圆弧和直线进行,就可实现四个象限的直线及不同方向的圆弧插补,计算发出的进给脉冲 ΔX,ΔY 的方向根据实际的象限和圆弧的走向来决定。图 6.13(a),(b)分别表示直线和圆弧的象限变换方式。圆中 L 代表直线,NR 代表逆圆弧,SR 代表顺圆弧,下标 1~4 代表象限。除了方向的变换外,还可将坐标系转换 90°。这对应着插补器内部必须将 X 和 Y 寄存器互换。

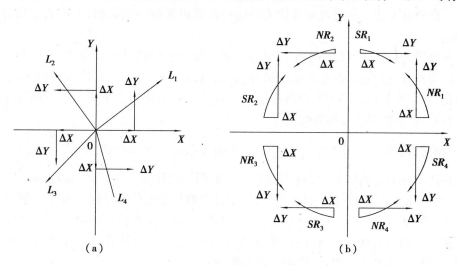

图 6.13　直线和圆弧插补的象限变换

直线和圆弧 12 种类型的脉冲 ΔX,ΔY 的分配情况如表 6.3 所示。表示 G01 表示直线,G02 表示顺时针圆弧(简称顺圆 – SR),G03 表示逆时针圆弧(简称逆圆 – NR)。可以用逻辑电路,按照表 6.3 所列的 12 种类型,将 ΔX,ΔY 分别发送到 $\pm X$,$\pm Y$ 四个通道上去。

表 6.3　ΔX,ΔY 脉冲分配表

线　型	脉　冲	象　限			
		1	2	3	4
G01	ΔX	$+X$	$-X$	$-X$	$+X$
	ΔY	$+Y$	$+Y$	$-Y$	$-Y$
G02	ΔX	$+X$	$+X$	$-X$	$-X$
	ΔY	$-Y$	$+Y$	$+Y$	$-Y$
G03	ΔX	$-X$	$-X$	$+X$	$+X$
	ΔY	$+Y$	$-Y$	$-Y$	$+Y$

坐标的交换亦可采用此法。如果要插补 YZ 平面内的直线或圆弧,只要以 Y 代 X,Z 代 Y 即可;如果插补在 XZ 平面内进行,只需 Z 取代 Y 而 X 不变。这种方法使我们可以用两坐标插补的设备,简单地实现三坐标机床的控制,从而加工出各种立体形状的零件。这种方法在数控机床中使用很普遍,通常称为 $2\frac{1}{2}$ 坐标的插补方式。

逐点比较法由于运算直观,插补误差小于一个脉冲当量,输出脉冲均匀,而且进给速度易

于调节,因此应用很普遍。

6.3.2 数字积分法(DDA)

数字积分法是用数字逻辑电路实现积分运算,从而保证在编程规定的进给速度下获得所需轨迹的一种插补方法。利用此原理构成的插补装置叫做数字积分器,又称数字微分分析器简称DDA。

数字积分器的最大优点是易于实现坐标扩展。每一坐标就是一个模块,几个相同模块的组合就可以得到多坐标联动数控系统。另外,它也可以实现一次,二次曲线,甚至高次曲线的插补。因此,数字积分器在轮廓控制数控系统中有着广泛的应用。下面分别介绍数字积分器的一般插补原理、直线和圆弧插补原理。

一个积分公式 $S(t) = \int_0^t X(t)\mathrm{d}t$ 可以近似地变换成一求和公式, $S = \sum_{i=0}^{K} X_i \Delta t_i$

这种算法实际上是的把 Δt_i 区间内曲线下面的面积看作是一个矩形,即在 Δt_i 内, X_i 是常值。然后把各小矩形面积逐个累加起来,累加的过程即是个积分的过程。Δt 为一固定步长。

若令累加器的容量为一个单位面积,累加过程中超过一个单位面积时,产生溢出,那么,累加过程中所产生的溢出脉冲总数,就是要求的总面积,也就是所要求的积分值。图 6.14 是实现这种累加运算的基本逻辑图,主要由三部分组成:

① X 寄存器:存 X_i 值。

②与门:每送来一个 Δt_i 信号,便将寄存器中的数值送往累加器相加一次。

③累加器:它的容量为一个单位面积,超过一个单位面积就溢出。如用 2^n 表示一个单位面积,当累加运算产生大于 2^n 的一个数时,便产生溢出,给电机送一个脉冲,电机转子转一个增量角度。

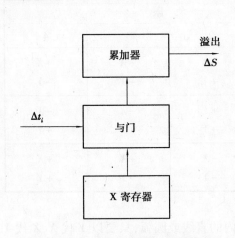

图 6.14 实现累加运算的基本逻辑图

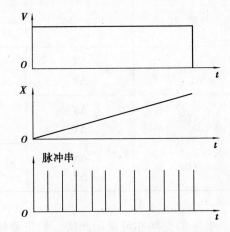

图 6.15 恒速直线运动波形

从以上分析可知,为了控制线性位置系统,有两个基本变量:脉冲总数 Δ,它决定电机的最终位置;脉冲速率 f,它决定电机运动的线速度。除此之外,还必须规定旋转方向,旋转方向决定运动符号。

（1）单轴直线运动

设脉冲总数为 Δ，脉冲序列的频率为 f，电机按恒速运动。为了产生恒速运动，一个不变的速度 V 被积分放入 VR，积分输出 X 针是位移，放入 n 位寄存器 XR 进行累加，它相当于位移寄存器。对于恒速 V，要求产生一个恒频脉冲序列、脉冲总数必须等于按这个速度运动时所需的步数。图 6.15 表示了上述过程。

时钟频率应大于所产生的脉冲频率，被装入时钟计数器的数按图 6.16 所示的 DDA 流程图进行计算。

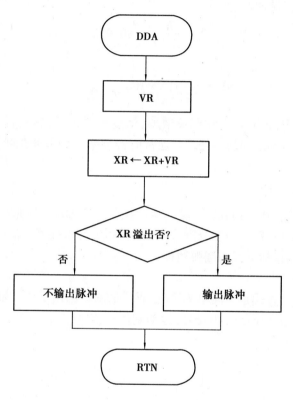

图 6.16　一阶 DDA 流程图

实际上，每当有一个时钟脉冲时，便将储存在速度寄存器中的 VR 数与位移寄存器中的 XR 数相加，当和数超过 XR 寄存器的容量时，产生溢出，便有一个脉冲送到电机。从 XR 溢出的速率取决于 XR 的容量，VR 数值和时钟频率 f。对于一个固定的时钟频率，输出速度可以通过改变 VR 数值来改变，而

$$VR = XR(容量) \cdot (要求的输出速率)/(时钟频率)$$

在软件 DDA 中，送到电机的脉冲总数还要进行检查，看一看这个运动是否完成。如没有完成，可以改变 VR。

例：设脉冲数数　　　　　　　　$\Delta = 1\ 000$ 步

　　时钟频率　　　　　　　　　$f = 1\ 000$ Hz

　　累加器字长　　　　　　　　$n = 16$ 位

　　速度　　　　　　　　　　　$V = 51$ 步/s

　　根据已知条件设：

累加器容量
$$XR = 2^{n-1} = 32\ 768$$

$$VR = \frac{32\ 768 \times 51}{1\ 000} = 1\ 671.168$$

在计算机中,仅仅使用 VR 的整数部分,因此,取接近这个数的整数,得

$$VR = 1\ 671$$

所以,每 $1/1\ 000$ s,$1\ 671$ 被加到 XR 寄存器,当 XR 寄存器出现溢出,一个脉冲将送到电机。很清楚,速度是有误差的,因为实际速度取决于速度寄存器 VR 的数值,时钟频率 f 和累加器的字长,即累加器输出脉冲速度

$$P_d = \frac{VR \cdot f}{2^{n-1}} = 50.995$$

所以速度误差为

$$\frac{(50.995 - 51) \times 100}{51} = -0.01\%$$

对于任意非整数 VR,时钟频率和字长增加,精度也增加,计算所需的时间也要增加。因此,可以在精度与计算时间之间折中处理。通常时钟频率大约取累加器溢出的脉冲串频率的 $4 \sim 5$ 倍就足够了。

(2)多轴连续路径控制

以上方法很容易扩展到二轴或更多轴的运动控制。多轴运动图形可以看作由几个单独图形组合而成。所以,可以对每一个轴分别建立 DDA,用位移寄存器的溢出控制每个轴的电机。

两轴 X-Y 运动控制包括直线与圆弧两种。

1)恒速直线插补

因为在 X-Y 平面上,直线是最简单的情况,直线的斜率给出了两个轴之间所要求速度的比率。图 6.17 表示了一条从原点 $(0,0)$ 出发运动到坐标点 $A(X',Y')$ 的直线。图中沿路径的速度 V 是一个常值。

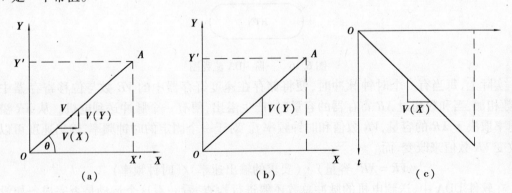

图 6.17　恒速直线运动

(a)在 X-Y 轴上路径　(b)在 Y-t 轴上投影　(c)在 X-t 轴上投影

V 投影到 X 和 Y 两个方向的速度为:

$$V(X) = V\cos\theta$$

$$V(Y) = V\sin\theta$$

当两个轴都从恒速运动时,每一个轴都可采用前面所介绍的 DDA 算法。一般来说,X,Y

速度寄存器将以不同速率产生溢出,这些速率之比就是所要求的直线斜率。

例:X,Y轴的总步数分别为

$$\Delta_x = 400\ 步;\Delta_y = 300\ 步$$

沿轨迹的速度为

$V = 51\ 步/s;$字长 $n = 16$ 位

时钟频率 $f = 1\ 000\ Hz$

累加器容量 $XR = YR = 2^{n-1} = 32\ 768$

根据 $V(X),V(Y)$ 的表达式,求得 X 和 Y 速度寄存器如下:

$$VR_x = (32\ 768 \cdot 51/1\ 000) \cdot [400/(400^2 + 300^2)^{\frac{1}{2}}]$$

$$VR_y = (32\ 768 \cdot 51/1\ 000) \cdot [300/(400^2 + 300^2)^{\frac{1}{2}}]$$

这些数值应装入对应的 DDA 中,当一个位移寄存器(XR,YR)发生溢出时,将脉冲送入对应电机,产生运动。

2)应用 DDA 进行直线插补计算

X,Y 寄存器即为 $V(X),V(Y)$ 分别用于存放终点坐标值 X',Y'。当输入进给脉冲时,X 和 Y 寄存器中的数就通过与门送入相应的累加器 X 和累加器 Y 中,并实现累加。当累加结果大于其容量时,便向相应的方向溢出脉冲,而将余数保留在累加器中,溢出脉冲便是该坐标方向的进给脉冲。

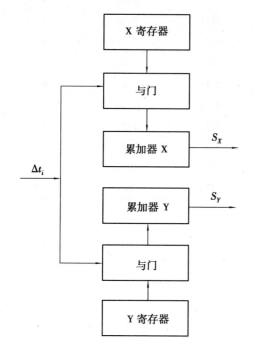

图 6.18　数字积分器直线插补器

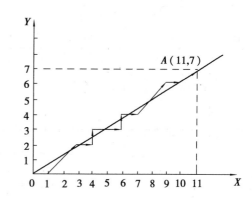

图 6.19　直线插补直线情况

现以图 6.18 来说明其插补过程。设累加器容量为 16,$X' = 11$,$Y' = 7$,其插补过程如表6.4所示。第一个进给脉冲来到时,将 X 寄存器的数 11(X 终点坐标)和 Y 寄存器的数 7(Y 终点坐标)分别送入相应的累加器。因为在此以前累加器已清除为零,故累加器结果分别为 11 和 7。当第二个进给脉冲来到时,再将 X 寄存器中 11 通过与门送入累加器中,累加结果 11 +

11 = 22,由于累加器容量为 16,故满 16 就溢出一个脉冲,该脉冲即 X 方向进给脉冲,而剩下的 6 仍寄存在累加器中。Y 寄存器中的 7 也通过与门送入 Y 累加器中,累加结果 7 + 7 = 14,小于 16,故无溢出。当第三个进给脉冲来到时,X 累加器为 6 + 11 = 17,大于 16,溢出一个脉冲,Y 累加器为 14 + 7 = 21,大于 16,溢出一个脉冲。如此下去,直到输入 16 个脉冲时,积分器工作一个周期,X 方向溢出脉冲总数为 11,而 Y 方向溢出脉冲总数为 7,便已达到终点。图 6.19 表示了其插补轨迹。

表 6.4 数字寄分器直线插补过程

控制脉冲	X 轴 DDA			Y 轴 DDA		
	X 寄存器	$\sum$ X 累加变化	X 累加器溢出 S_x	Y 寄存器	$\sum$ Y 累加变化	Y 累加器溢出 S_y
0	1011	0000	0	0111	0000	0
1	1011	1011	0	0111	0111	0
2	1011	0110	1	0111	1110	0
3	1011	0001	1	0111	0101	1
4	1011	1100	0	0111	1100	0
5	1011	0111	1	0111	0011	1
6	1011	0010	1	0111	1010	0
7	1011	1101	0	0111	0001	1
8	1011	1000	1	0111	1000	0
9	1011	0011	1	0111	1111	0
10	1011	1110	0	0111	0110	1
11	1011	1001	1	0111	1101	0
12	1011	0100	1	0111	0100	1
13	1011	1111	0	0111	1011	0
14	1011	1010	1	0111	0010	1
15	1011	0101	1	0111	1001	0
16	1011	0000	1	0111	0000	1

(3)DDA 的圆弧插补运算

在圆弧插补时,则要求刀具沿圆弧切线作等速运动。如图 6.20 所示。在第一象限圆弧上一点 $N(x_i, y_i)$ 的速度为 V,则它在两上坐标方向的分速度为

$$V_x = -V \sin \theta \qquad V_y = V \cos \theta$$

而
$$\sin \theta = \frac{Y_i}{R} \qquad \cos \theta = \frac{X_i}{R}$$

代入后得

$$V_x = \frac{\mathrm{d}x_i}{\mathrm{d}t} = -V \sin \theta = -\frac{V}{R} \cdot Y_i$$

$$V_y = \frac{\mathrm{d}y_i}{\mathrm{d}t} = V \cos \theta = \frac{V}{R} \cdot X_i$$

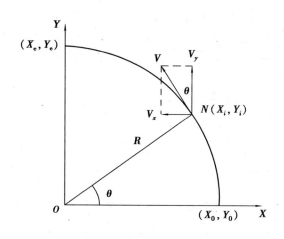

图 6.20　DDA 圆弧插补

或写成

$$\Delta X_i = -\frac{V}{R}Y_i \cdot \Delta t$$

$$\Delta Y_i = \frac{V}{R}X_i \cdot \Delta t$$

则

$$S_x = \sum_{i=0}^{n} \Delta X_i = -\frac{V}{R}\sum_{i=0}^{n} Y_i \Delta t$$

$$S_y = \sum_{i=0}^{n} \Delta Y_i = \frac{V}{R}\sum_{i=0}^{n} X_i \Delta t$$

由此可设计一个数字积分器如图 6.21 所示。它与图 6.18 所示的直线插补器所不同的是第一：X 坐标数字积分器的被只函数为 Y_i，而 Y 坐标数字积分器的被积函数为 X_i。第二：X_i,Y_i 为动点坐标值。开始时,将圆弧起点坐标 X_0 存入 Y 寄存器,Y_0 存入 X 寄存器。

当刀具沿着圆弧逆时针运动时,X_i 不断减小,Y_i 不断增加,则将 X 寄存器设计为加法计数器,而 Y 寄存器设计为减法计数器。每当 S_y 有溢出而向 Y 方向分配一个脉冲时,X 寄存器作一次加法计数,X 被积函数 Y_i 变成 Y_{i+1},而当 S_x 有溢出而向 X 方向分配一个脉冲时,Y 寄存器作一次减法计数,Y 被积函数 X_i 变成 X_{i-1}。

现在以图 6.22 所示第一象限圆弧为例,已知圆弧起点坐标为$(6,0)$,终点坐标为$(0,6)$,其插补过程列于表 6.5。当第一个进给脉冲来到时,S_x 无溢出,而 S_y 有溢出,故 X 寄存器由 0 加 1 变成 1。第二个进给脉冲来到时,S_x 和 S_y 均有溢出,故 X 寄存器由 1 加 1 变为 2,Y 寄存器由 6 减 1 变成 5。如此类推,到第 12 个脉冲 Y 到达终点,继续运算到第 15 个脉冲时,X 才到达终点(表 6.5 中采用的 BCD 码)。

上面介绍的是第一象限逆圆方向插补,也可以按顺时钟方向插补,只是将 X 寄存器作减法计数,Y 寄存器作加法计数即可。

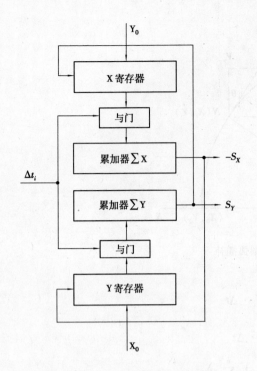

图 6.21 数字积分器圆弧插补法

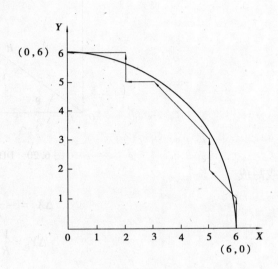

图 6.22 积分器图弧插补示意图

表 6.5 积分器圆弧插补过程

进给脉冲	X 积分器			Y 积分器		
	X 寄存器	$\sum X$ 累加变化	X 累加器溢出 S_x	Y 寄存器	$\sum Y$ 累加变化	Y 累加器溢出 S_y
0	$Y_0 = 0$	1001	0	$X_0 = 6$	1001	0
1	0	1001	0	6	0101	1
2	1	0000	1	6	0001	1
3	2	0010	0	5	0110	0
4	2	0100	0	5	0001	1
5	3	0111	0	5	0110	0
6	3	0000	1	5	0001	1
7	4	0100	0	4	0101	0
8	4	1000	0	4	1001	0
9	4	0010	1	4	0011	1
10	5	0111	0	3	0110	0
11	5	0010	1	3	1001	0
12	5	0111	0	2	0001	1
13	6	0011	1	2	0011	0
14	6	1001	0	1	0100	0
15	6	0101	1	1	0101	0

6.4 数控机床的伺服系统

6.4.1 伺服系统的性能

机床伺服系统是指以机床移动部件(如工作台、动力头等)的位置和速度作为控制量的自动控制系统,又称拖动系统。在 NC 机床中,伺服系统接受来自数控装置中插补器的进给脉冲,经变换、放大将其转化为机床工作台的位移。在 CNC 机床中,伺服系统接受计算机插补软件生成的进给脉冲或进给位移量,将其转化为机床工作台的位移。对机床伺服系统的主要要求有下列四点:

①进给速度范围要大　不仅要满足低速切削进给的要求,如 5 mm/min;还要能满足高速进给的要求,如 10 000 mm/min,甚至更大的范围。

②位移精度要高　伺服系统的位移精度是指指令脉冲要求机床工作台进给的位移量和该指令脉冲经伺服系统转化为工作台实际位移量之间的一致程度。两者误差愈小,伺服系统的位移精度愈高,高精度的 CNC 机床伺服系统的位移精度在全行程范围内为 ±1 μm。通常,插补器或计算机的插补软件每发出一个进给脉冲,伺服系统将其转化为相应的机床工作台的位移量,我们称此量为机床的脉冲当量。一般机床的脉冲当量为 0.001 mm/脉冲,高精度的 CNC 机床的脉冲当量可达 0.000 1 mm/脉冲。脉冲当量越小,机床的位移精度越高。

③工作台跟随指令脉冲移动的跟随误差要小　即伺服系统的速度响应要快。

④伺服系统的工作稳定性要好　并具有较强的抗干扰能力,保证进给速度均匀、平稳,能加工出高表面质量的零件。

6.4.2 相位伺服系统

相位伺服系统是数控机床中使用最多的闭环伺服系统。图 6.23 是一个实用的相位系统方框图。

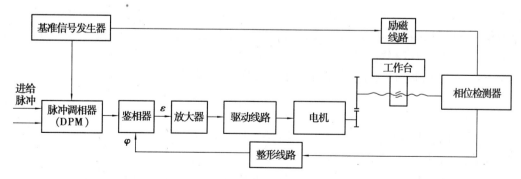

图 6.23　相位系统方框图

(1)脉冲调相器(DPM)

脉冲调相器又称数字脉冲调制器。它把进给脉冲转换为载波的相移。插补器每发出一个进给脉冲(正的或负的),脉冲调相器就使其输出信号$C(\theta)$产生一个向前或向后的相位移动θ_p,从而伺服系统使机床在对应的方向上移动一个脉冲当量的距离δ,距离的准确度取决于相位测量的精度。θ_p为每个脉冲产生的相移值,称相移系数或相位脉冲当量,它是相位系统的主要参数之一。

脉冲调相器一般用数字电路构成。

(2)相位检测器

相位检测器测量机床工作台的位置,把它转变成方波输出,方波的相位和工作台位置对应。常用的相位检测器有光电编码器、旋转变压器和感应同步器。用光电编码器或旋转变压器时,把它装在丝杠上(如图6.23所示)或者通过齿轮和电机耦合,组成半闭环。而感应同步器则直接安装在机床工作台上组成闭环方式。一般生产厂提供的数控相位系统,两种方式都可使用。系统一般按前一种方式设计,因为这种方式用得比较普遍。如果用户希望机床有较高的精度,因而选用感应同步器作测量元件的话,只要附加几个插件即可。

旋转变压器和感应同步器使用时,须提供正弦波或方波的励磁信号,因此要有一个励磁线路。励磁线路的输出功率和频率由选用的测量元件型号决定。旋转变压器的输出信号还要经过放大和整形才能送到鉴相器去进行比较。不同的鉴相器要求整形电路有不同的结构形式。至于感应同步器,由于输出信号很小,因此必须先进行前置放大,再送到放大和整形电路。

设整形电路的输出信号$P(\varphi)$与脉冲调相器的输出信号$C(\theta)$有相同的形式,则在一个脉冲的作用下测量元件的相位变化即为相移系数θ_p,令β表示测量元件的灵敏度,或称为位移-相位转换系数,则有

$$\theta_p = \delta \cdot \beta \tag{6.9}$$

或

$$\beta = \theta_p / \delta$$

式中,δ为脉冲当量。

这是设计相位系统时必须用到的基本公式。

励磁线路和脉冲调相器所需的基准信号由基准脉冲发生器提供。

(3)鉴相器

鉴相器是一种相位-模拟转换电路或者数字-模拟转换电路。它检测两上同频率输入信号的相位误差并产生与此误差成正比的电压输出,也就是把信号的相位差转换为模拟量。鉴相器作为相位系统的比较单元,它的形式决定了相位系统电路的结构。和其他检测单元一样,鉴相器希望有高的灵敏度和宽的检测范围。

令K_θ表示鉴相器的灵敏度或称相位-电压转换系数,则有

$$K_\theta = \frac{\varepsilon}{\theta} V/度 \tag{6.10}$$

式中,θ为输入信号的相位变化;ε为这一变化对应的鉴相器输出电压。

(4)直流放大器和驱动线路

直流放大器将鉴相器的信号放大并提供给驱动线路。本例中使用宽调速直流电机驱动工作台,因此直流放大器必须提供控制驱动线路的电压信号。

在液压伺服系统中,用液动机驱动工作台运动,电液伺服阀作为功率放大单元。这时电液伺服阀的控制线圈就是直流放大器的负载,直流放大器应提供这个线圈一定大小的电流。

由于鉴相器的输入信号是载波频率的方波或正弦波,因此它的输出信号中除了有用的直流分量之外,还包含有载波频率的基波和高次谐波,这些信号必须在直流放大之前加以滤除,以免影响线路的正常工作。

使系统稳定并改善其动态性能的校正网络,一般地附加在直流放大器中。

下面来讨论脉冲调相器(DPM)线路的原理和结构。

1)脉冲调相的原理

图 6.24 所示的脉冲调相器的工作原理。图中 f_0 表示载波频率,它由基准分频器将频率为 f_c 的时钟信号作 $1/N$ 分频而得。用来作为旋转变压器的激励基准信号,f_c 的另一路进入脉冲调相器 DPM。DPM 由脉冲加减器和 $1/N$ 分频器组成,其输出就是调相信号。为说明方例起见,我们令 $N=8$,可以作出如图 6.24(b)所示的波形图。由图可知,当得到一个进给脉冲时,如果进给方向为正,脉冲加减器使 f_c 增加一个脉冲,经分频器后就相当于调相信号向前移动一个相位 θ。如果进给方向为负,则加减器使 f_c 中的一个脉冲扣掉,就相当于调相信号往后移动 θ 相位。

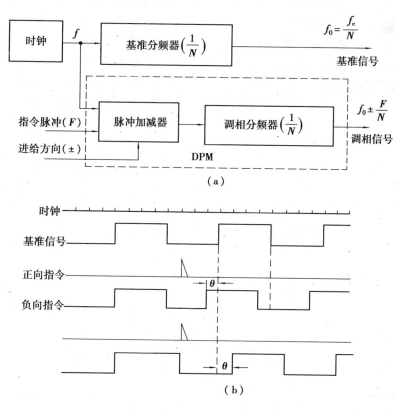

图 6.24　脉冲调相器原理

(a)原理图　(b) $N=8$ 时的波形图

显然,相移系数 θ_p 符合下式:

$$\theta_p = \frac{2\pi}{N} \text{ 或 } N = \frac{2\pi}{\theta_p} \qquad (6.11)$$

设某一台数控机床中,工作台移动 6 mm 时,旋转变压器转过一周,其测量灵敏度

$$\beta = \frac{360°}{600} = 0.6°/0.01 \text{ mm}$$

根据公式(6.9),并设脉冲当量 δ 为 0.01 mm/脉冲,可得

$$\theta_p = \delta\beta = 0.6°/\text{脉冲}$$

利用公式(6.11),可计算出分频系数

$$N = \frac{2\pi}{\theta_p} = \frac{360}{0.6} = 600$$

载波频率 f_0 根据测量元件的形式和规格来决定。如旋转变压器一般为 400 Hz 到 1 kHz,感应同步器为 2~10 kHz。若取 f_0 为 400 Hz,则时钟脉冲频率

$$f_c = N \cdot f_0 = 600 \times 400 = 240 \text{ kHz}$$

2)脉冲加减器线路

脉冲加减器的一种线路如图 6.25 所示。时钟 Q 发出频率相同而相位错开 180° 的两路信号 A 和 B,A 为主信号,送到分频器去分频;B 用作加减脉冲的同步信号。没有进给脉冲时与门Ⅰ开,与门Ⅱ关,A 系列脉冲正常通过。当负向进给脉冲来时,触发器 1 翻转,与门Ⅲ通,紧接着的一个 B 系列脉冲使触发器 2 翻转从而使与门Ⅰ关闭一次以扣除一个 A 系列的脉冲,由此造成相位后移 θ。如果来的是正向进给脉冲,要求进给脉冲的宽度大于 f_c 的周期,所以当 B 序列脉冲使与门Ⅰ关闭的同时与门Ⅱ打开,从而有一个 A 序列脉冲经与门Ⅱ加到分频器的下一级,相当于增加了一个脉冲而使信号前移 θ 度。接下去的 B 序列脉冲又使线路复原。

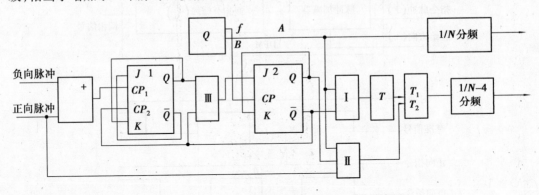

图 6.25　脉冲加减器线路图

3)触发器鉴相

从前面的叙述中可见,由 DPM 线路来的指令相位信号和由位置检测线路来的位置相位信号都是方波(或脉冲)信号,这是由于鉴相器使用开关电路的缘故。开关电路鉴相的优点是线路稳定、准确,易于调整而且便于使用集成电路。不对称触发的触发器是最简单的鉴相器(参见图 6.26(a))。指令信号和位置信号分别控制触发器的两个触发端,如果二者相差 180°,输出端 B 得到一个对称的方波;如果方波是以"0"电位对称的话,经滤波器后就得到"0"电平输出。这是系统的稳定平衡状态,对应着位置的零点。当位置反馈信号 P 滞后一个角度时,输出端 B 的方波正半周比负半周宽,直流分量出现一个正的误差电压 $\Delta\varepsilon$;反之,如果 P 超前一

个相位,就出现负的误差电压 $-\Delta\varepsilon$。令 K_θ 表示鉴相器的灵敏度或相位-电压转换系数,则

$$K_\theta = \frac{E_p}{180}V/度$$

式中,E_p 的方波电压的幅度。

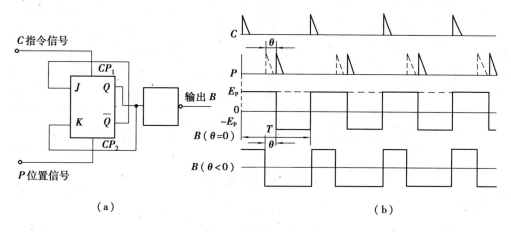

（a）　　　　　　　　　　　　　　　　（b）

图 6.26　触发器鉴相的原理

该鉴相器的鉴相范围为 $\pm180°$。如果误差超过 $\pm180°$,反馈脉冲将越过下一个指令脉冲,结果输出波形和误差为 $-180°$ 以内时一样,但发生了"失步"(见图6.27)。鉴相器失步将破坏系统的正常工作,出现类似振荡的现象,必须防止。

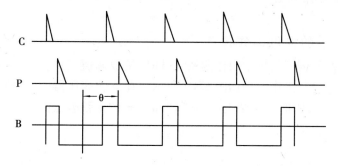

图 6.27　鉴相器的失步

4)半加器鉴相

半加器鉴相线路如图6.28所示。指令信号和位置信号分别经触发器后进入半加器。半加器输出的逻辑式为

$$S = A\,\overline{B} + \overline{A}B$$

式中,A 为指令信号(1/2分频);B 为位置信号(1/2分频)。当两者相位相等时,S 为零。当 B 超前或滞后于 A 某个相位 θ 时,S 端输出方波的直流分量正比于相位差 θ。

信号 NE 指示误差的符号。当位置信号滞后于指令信号时,NE 量"0";反之,当位置信号超前于指令信号时 NE 量"1"。此鉴相器的灵敏度比触发器鉴相提高一倍,因为每个周期出现两个脉冲,由于信号经过一级分频,所以检测范围也增加到 $\pm360°(2\times180°)$。

增大分频系数可进一步扩大检测范围。设分频系数为 n,检测范围是 $n\times(\pm180°)$。但是,分频系数提高,灵敏度下降了。设开关信号的幅度为 E_p,当分频系数为 n 时,半加器鉴相

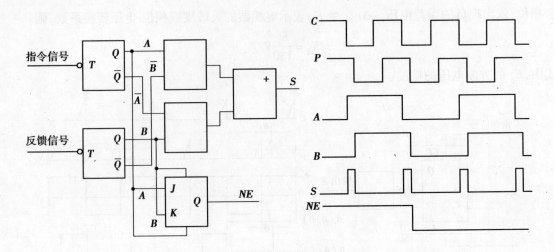

图 6.28　半加器鉴相

的灵敏度为

$$K_{\theta} = \frac{E_{p}}{2n \times 180}$$

即比不分频时降低 n 倍。

6.4.3　幅值伺服系统

(1)旋转变压器的幅值工作状态

旋转变压器在幅值伺服系统中用作测量元件时,接成幅值工作状态。所采用的旋转变压器和相位系统中一样。其工作原理如图 6.29 所示。在旋转变压器的两个互相垂直的定子绕组 M_1 和 M_2 上分别加以幅值成正交关系,频率为 $\omega/2\pi$ 的正弦电压:

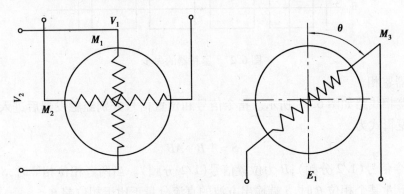

图 6.29　旋转变压器的幅值工作状态

$$V_1 = V_m \sin \varphi \cdot \sin \omega t$$
$$V_2 = V_m \cos \varphi \cdot \sin \omega t$$

式中,φ 称为激磁绕组中的电气角。

在转子绕组 M_3 上感应的信号电压

$$E_1 = nV_2\sin\theta - nV_1\cos\theta = nV_m\sin\omega t\cos\varphi\sin\theta - nV_m\sin\omega t\sin\varphi\cos\theta =$$
$$nV_m\sin(\theta - \varphi)\sin\omega t$$

根据这个公式,可以用比较法测量转角。设旋转变压器实际转角为θ,我们称θ为位移角,激磁绕组中的电气角φ可看作角度的测量值。当φ不等于θ时,转子绕组中产生误差电势ε_M,它的幅值为

$$|\varepsilon_M| = nV_m \cdot \sin(\theta - \varphi)$$

如果改变激磁信号的电气角φ,使$\varepsilon_M = 0$,此时必然有$\varphi = 0$,角度的测量值φ就反映了转角的实际位置θ(位移角)。

测量线路如图6.30所示,转角误差电势ε_M经模数转换器产生一系列反馈脉冲,脉冲的频率与ε_M的幅值成正比,这些脉冲反映了位置误差,用来在系统中与指令脉冲相比较。它同时送到测量寄存器中,并通过正余弦信号发生器转换成幅度与寄存器内存数相同的正交正弦电压$A\sin\varphi\sin\omega t$和余弦电压$A\cos\varphi\sin\omega t$,当$\varphi = \theta$时,测量寄存器内的数即转角的实际值。

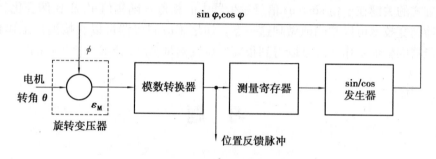

图6.30 旋转变压器测量线路

(2)感应同步器的幅值系统

感应同步器的工作原理和旋转变压器完全一样。它由一根滑尺和一根定尺组成,滑尺包括两个激磁绕组,相当于旋转变压器定子绕组M_1和M_2;定子则相当于旋转变压器的感应绕组M_3,其长度按有效测量距离决定。如果在滑尺的绕组上分别加以幅值为$V_m\sin\varphi$和$V_m\cos\varphi$的两上正交电压

$$\begin{cases} V_1 = V_m\sin\varphi\sin\omega t \\ V_2 = V_m\cos\varphi\sin\omega t \end{cases} \tag{6.12}$$

那末,当滑尺移动时,定尺上得到的感应电势为:

$$V_0 = nV_m\sin(\theta - \varphi)\sin\omega t \tag{6.13}$$

这个公式和旋转变压器一样,只是变比要小得多。

使用感应同步器的幅值系统框图,如图6.31所示。

反馈脉冲和进给脉冲互相比较后经数-模转换器转换成模拟量以驱动工作台运动。

当机床静止时,角位差$\theta = \varphi$,进给脉冲和反馈脉冲都没有,系统处于稳定状态。

当插补器发来正的进给脉冲时,数-模转换器产生正的误差电压,使工作台向正方向移动,从而θ不断增大使$\theta - \varphi > 0$,正幅值的电压V_0在电压频率转换器中产生一系列频率正比于$|V_0|$的反馈脉冲。此脉冲一方面作为反馈脉冲使模拟误差值减小;另一方面进入sin/cos信号发生器,改变激励信号相位φ的大小,使φ跟随着θ而变化,不断测量着工作台的实际位置。当进给脉冲停止时,系统在变化了的$\varphi = \theta$条件下停止,工作台的位置必然等于指令位置。

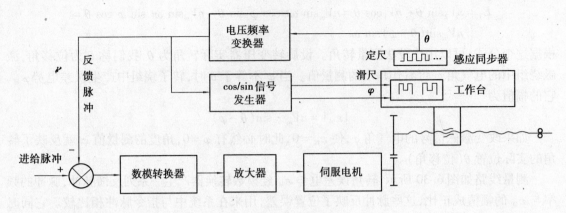

图 6.31　幅值系统框图

负的进给脉冲使系统反方向运动,工作过程相同。

这种方式的关键在于使 sin/cos 信号发生器中的相角 φ 随幅值 V_0 正比例变化。使用电子开关或脉冲调宽技术可以精确地做到这一点。加之感应同步器可以直接测量工作台位置,使用感应同步器的幅值工作状态可以得到很高的位置测量精度(分辩率达 1 μm)。

习　题

1. 机床数字控制技术有什么特点?

2. 试述数控机床的组成,并分别介绍各组成部分的作用。

3. 试述开环系统、闭环系统及半闭环系统的区别,它们各有什么典型的应用?

4. 在半闭环和闭环系统中常用哪些反馈元件,各用在什么场合?

5. 试述相位伺服系统的组成及工作原理。

6. 试述幅值伺服系统的组成及工作原理。

7. 用逐点比较法加工直线 OA,直线终点坐标为 $X_e = 4, Y_e = 7$,试根据偏差判别,进给、偏差计算、终点判别四个节拍列表进行计算,并画出实际插补轨迹图。

8. 用逐点比较法加工圆弧 $\overset{\frown}{AB}$,起点坐标 $X_a = 7, Y_a = 0$;终点坐标为 $X_b = 0, Y_b = 7$。以四个节拍列表进行计算并画出插补轨迹图。

9. 用数字积分法加工直线 OA,直线终点坐标为 $X_e = 7, Y_e = 13$。以五位寄存器进行累加运算,列表写出在累加运算时,各寄存器的存数及溢出脉冲并画出插补轨迹。

第7章　经济型数控系统

7.1　概　述

7.1.1　经济型数控系统的特点

随着微电子技术在数控领域中的广泛应用和数控系统的功能不断扩大,体积和价格已有大幅度降低,可靠性有了很大提高(平均无故障时间为1万小时)。但全功能数控价格仍然较贵,一台全功能数控车床的售价约数十万元。而在许多具体应用场合,功能却不能充分利用。为了降低造价,又具有适用的功能,便出现了适应不同范围、简化功能的经济型数控系统和数控机床。相对于全功能数控而言,称它为简易数控,亦属微机数控(MNC)之列。

经济型数控的主要特点是价格低廉和功能简单,一般来说经济型数控应具有以下几个特点。

①无带控制　经济型数控多采用键盘或磁带输入程序,一般不用穿孔纸带,因而称为无带数控。

②价格低廉　经济型数控系统的价格是全功能数控系统的1/3～1/10。具体来说两坐标经济型数控系统的价格(包括伺服系统和电机),根据不同功能和种类,大致为2～3万元左右。

③编程简单　一般采用面向操作人员的规格化软件编制加工程序,易学易懂,便于掌握。目前已使用符合数控标准的程序格式,用ISO代码编程,它直观、灵活、便于检查。

④功能简化　保留基本功能。针对性强;能满足一般加工精度的要求。如车床、钻床和铣床,可精加工及半精加工直线、圆弧及螺纹类零件,可控坐标1～3个。

⑤数控装置体积小　鉴于经济型数控的特点,它特别适合于形状简单的中小批量、多品种零件轮番生产。可以提高工效2～5倍,同时可降低工人劳动强度,且被加工零件尺寸的一致性好,合格率高。使用经济型数控机床投资少、见效快,基本上可作到当年投资当年即收回成本。

7.1.2　经济型数控系统的种类

按拖动方式来分,现有的经济型数控系统有如下三类:

(1)步进电机拖动的开环系统

这类系统比较简单。价格最便宜,可以用于小型车床、铣床、钻床和线切割机床。见图7.1

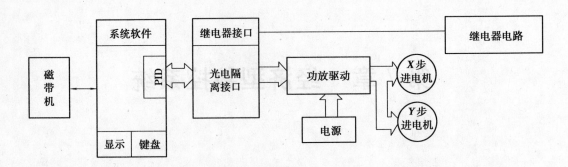

图 7.1 经济型微机数控系统原理图

所示,是常见的两坐标经济型数控系统的组成框图。系统软件固化在单片机的存储器中,加工程序可通过键盘或磁带机输入,经系统软件进行编辑处理后输出一个系列脉冲,再经光电隔离,功率放大后去驱动两台步进电机,分别控制机床两个方向的运动,完成位置、轨迹和速度的控制。根据需要,微机还可通过继电器电路,实现对诸如主轴起停、变速、各种辅助电机起停、刀架转位、工件夹紧松开等动作的自动控制,使整个加工过程自动进行。

单片机控制步进电机拖动的开环系统具有价廉,技术成熟等优点,因而使用较多。但这种系统还存在拖动力矩偏小,过载能力差,速度偏低,精度不够高及其价格随力矩增加成指数上升等缺点。为此,选用时要注意在适当的范围内发挥其优势。一般主要适用于拖动力矩小于 15 Nm 的小型机床,如 C6132,C6136,C6140 等普通车床。对于转矩要求大、功能要求多的机床(如铣床、镗床、钻床及镗铣床)和高精度机床(如坐标镗床)就难于使用,需要开发与其相适应的其他经济型数控系统。

(2)电磁离合器切换的控制系统

这类系统可用直流电机或交流异步电机拖动,电磁离合器切换,以光栅盘,旋转变压器或感应同步器检测反馈。该系统的驱动功率主要取决于电磁离合器的额定转矩,一般在 10～50 Nm 左右。可用于中小型机床车削阶梯轴,铣削阶梯形零件,钻削坐标孔等加工。

(3)直流伺服电机拖动的控制系统

这类系统可用直流伺服电机拖动,以编码盘,旋转变压器检测反馈。

直流系统有良好的调速性能,并有大转矩、高效率和高精度等特点。额定力矩为 21 Nm 的直流伺服电机及其控制系统的价格与相同力矩的步进电机驱动系统的价格相当。前者有优越的价格性能比,系统的性能范围较广,无噪音、精度高、过载能力强,是经济型数控中的高档产品。

7.1.3　经济型数控的发展概况

用经济型数控改造老设备是美国率先搞起来的,随后日本也进行了研究和发展。美国三大公司,阿克米—克利夫兰(Aeme·Cleveland),本迪克斯(Bendix)、哥德(Gould)已联合起来共同从事机床翻新业。西德、日本、加拿大、印度也有许多公司从事这种翻新业。翻新一台数控机床的工时为制造一台新机床的 1/3,且成本低 50%～70%。翻新后的机床不仅能达到原来的效率和技术指标,而且还能提高机床的技术水平。

我国目前的机床拥有量达 300 万台,数量居世界第二。但就技术状况来说,素质差,性能落后。我国单台机床的平均产值只有世界先进工业国家平均水平的 1/10 左右,差距十分悬殊。若是单靠用高效和精密机床来更新,无论从资金财力方面,还是从我国机床制造业的能力方面来看都是办不到的。用微电子技术改造普通机床,是改善我国现有老机床技术状况,效率卓著的一种途径。我国从 1984 年以来推行这一决策,收到了可喜的成效,各种类型的经济型数控系统和伺服驱动系统都相继问世。1984 年生产经济型数控系统 800 多套,生产经济型数控机床 90 多台,到 1985 年 9 月用经济型数控系统改造老机床 1 300 多台。1986 年能批量生产经济型数控的厂家已遍及全国 20 多个省市,计有上百家,至今已生产了数万台。

经济型数控机床的功能日益完善。特别是不增加硬件,由软件实现的功能增加较多。如具有直线、圆弧插补功能,车螺纹功能,控制刀架转位功能,刀具补偿功能,程序编辑功能,自动循环功能,绝对尺寸编程功能等。

步进电机的快速一般可到 3 m/min,驱动电源在技术上有较大突破。直流电机快速达 9 m/min 数控系统的用户程序用量已扩大到 8 ~ 16 k。编程格式向 ISO 标准统一。

经济型数控系统已不仅用于改造单台机床,而且开始向改造整条生产线、生产工段甚至整个车间的方向发展。经济型数控在我国已开始形成一个行业,成为科研—生产—维修一条龙的体系。现在我国已制定出"机床数字控制系统通用技术条件"的国家标准和"步进电机驱动数控系统的技术条件"。标志着我国经济型数控技术已逐步走向正轨。

从微电子技术改造机床设备的实施中还得到一个启示,即机械制造业对机床产品的要求实际上是多层次的。从开发新产品的角度看,发展经济型数控机床,其价格增加不多,容易掌握,适合大多数零件加工的需要,能取得实效,切合我国机械制造企业的一般水平。因此,可以预料,在机床商品结构中,经济型机电一体化的机床产品将会占有较大的比例。根据我国国情,自行开发功能较多而又经济适用的数控系统,是当务之急。据分析,适合当前国情的经济型数控系统应是:拖动元件采用直流伺服电机;控制系统用总线形式,模板结构;软件采用模块化设计。

7.2 步进电机

普通电动机是连续运转的。步进电机是在外加电脉冲信号的作用下一步一步地运转的,正因为它的运动形成是步进式的,故称为步进电机。步进电机是一种将电脉冲信号转换成相应角位移的机电元件。

由于步进电机的角位移量和输入脉冲的个数严格成正比,在时间上与输入脉冲同步,因此只要控制输入脉冲的数量、频率及电机绕组通电顺序,便可获得所需的转角,转速及转动方向。无脉冲输入时,在绕组电源的激励下,气隙磁场使转子保持原有位置处于定位状态。步进电机具有独特的优点,作为伺服电动机应用于控制系统时,往往可以使系统简化、工作可靠,而且获得较高的控制精度。因而成为经济型数控系统一种主要的伺服驱动元件。

7.2.1 步进电机的工作原理

(1)反应式步进电机的工作原理

图7.2是步进电机工作原理图。该图是反应式步进电机的简易模型。

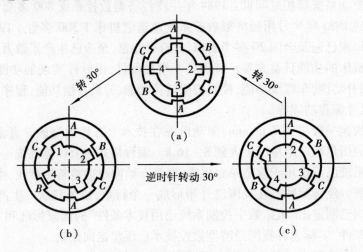

图7.2 步进电机工作原理图

在电机定子上有 A、B、C 三对磁极,磁极上绕有线圈,分别称之为 A 相、B 相和 C 相,而转子则是带齿的铁芯,这种步进电机称为三相步进电机。步进电机的工作原理,相似于电磁铁作用原理。当某相绕组通电时,定于产生磁场,并与转子形成磁路,如果这时定子齿和转子齿没有对齐,则由于磁力线力图走磁阻最小的路线,而带动转子转动,使定子齿和转子齿对齐,从而实现转动一个角度。

在图7.2中,若首先让 A 相通电,则转子1,3两齿被磁极 A 吸住,转子就停留在图7.2(a)的位置上。

然后,A 相断电,B 相通电,则磁极 A 的磁场消失,磁极 B 的磁场产生,磁极 B 的磁场把离它最近的2,4齿吸了过去,转子逆时针转过30°,停在图7.2(b)的位置上。

接着,B 相断电,C 相通电,C 相磁场吸引1,3齿,转子又逆时针转了30°,停止在图7.2(c)的位置上。

这样按 A—B—C—A—B—C 的次序通电,步进电机就一步一步地按逆时针方向转动,每步转的角度均为30°,我们把步进电机每步转过的角度称为步距角。

如果通电相序改为 A—C—B—A—C—B,步进电机将按顺时针方向旋转。

(2)步进电机的通电方式及步距角 θ_b

步进电机每一步所转过的角度称为步距角,用 θ_b 表示。步距角的大小与定子相数 m,转子齿数 z 及通电方式有关。

①步进电机的通电方式

步进电机有单相轮流通电,双向轮流通电,单双相轮流通电几种通电方式。

以三相步进电机为例,它的通电方式如下:

a．三相单三拍　其通电顺序为 $A—B—C—A$。"三相"是指三相步进电机，"单"是指每次只有一相绕组通电，"三拍"是指三种通电状态为一个循环。

这种方式每次只有一相通电，容易使转子在平衡位置上发生振荡，稳定性不好。而且在转换时，由于一相断电时，另一相刚开始通电，易失步（指不能严格地对应一个脉冲转一步），因而不常采用这种通电方式。

b．双相双三拍　其通电顺序为 $AB—BC—CA—CB$

这种通电方式由于两相同时通电，转子受到的感应力矩大，静态误差小，定位精度高，而且转换时始终有一相通电，可以工作稳定，不易失步。

c．三相六拍　其通电顺序为 $A—AB—B—BC—C—CA—A$

这是单、双相轮流通电的方式，它具有双三拍的特点，且由于通电状态数增加一倍，而使步距角减少一倍。

②步距角 θ_b 的计算公式

$$\theta_b = \frac{360°}{mzk}（度）$$

式中　m——步进电机相数；

z——步进电机转子齿数；

k——通电方式，相邻两次通电相的数目相同 $k=1$，相邻两次通电相的数目不同 $k=2$。

若三相步进电机的转子齿数 $z=40$，按单、双相通电方式运行时 $k=2$，则

$$\theta_b = \frac{360°}{3 \times 40 \times 2} = 1.5°$$

7.2.2　步进电机的分类

步进电机按工作原理不同可分为：

①激磁式　电机定子转子均有绕组，靠电磁力矩使转子转动。

②反应式　转子无绕阻，定子绕组励磁后产生反应力矩，使转子转动。这是我国主要发展的类型，已于 20 世纪 70 年代末形成完整的系列，有较好的技术性能指标。

③混合式（即永磁感应子式）　它与反应式的主要区别是转子上置有磁钢。反应式电机转子无磁钢，输入能量全靠定子励磁电流供给，静态电流比永磁式大许多。永磁感应子式具有驱动电流小、效率高、过载能力强等优点，是一种很有发展前途的步进电机。

按输出转矩大小可分为：

①快速步进电机　输出扭矩一般为 0.07～4 Nm。可控制小型精密机床的工作台（例如线切割机床）。

②功率步进电机　输出扭矩一般为 5～40 Nm。可直接驱动机床移动部件。

按励磁相数可分为三相、四相、五相、六相等。相数越多步距角越小，但结构越复杂。

按定子排列可分为：

①多段式（轴向式）　定子各相按轴向依次排列。

②单段式（径向式）　定子各相在圆周依次排列。

轴向式的转动惯量小，快速性和稳定性较好。功率步进电机多为轴向式。

7.2.3 步进电机的主要技术指标与特性

(1)精度

通常指的是最大步距误差和最大累积误差,步距误差是空载运行一步的实际转角的稳定值和理论值之差的最大值。累积误差是指,从任意位置开始,经过任意步后在此之间,角位移误差的最大值。从使用的角度看,对多数的情况来说,用累积误差来衡量精度比较方便。

由于步进电机转过一圈后,转子的运动有重复性,误差不累积,所以精度的定义,可以认为是在一圈范围内,任一步之间转子角位移误差的最大值。

(2)最大静转矩 M_{jmax}

所谓静态是指步进电机的通电状态不变,转子保持不动的定位状态。

静转矩即指步进电机处于定位状态下的电磁转矩,它是绕组内电流和失调角的函数。失调角的概念是:在定位状态下,如果在转子轴上加上一负载转矩使转子转过一个角度 θ 并能稳定下来,这时转子上受到的电磁转矩与负载转矩相等,该电磁转矩即静转矩,角度 θ 称为失调角。

对应于某失调角时,静转矩最大,称为最大静转矩 M_{jmax}。一般来说 M_{jmax} 大的电机,负载转矩也大。

(3)启动频率 f_q

空载时,转子从静止状态不失步地启动的最大控制频率称为启动频率或突跳频率,用 f_q 表示。f_q 的大小与驱动电路和负载大小有关,负载包含负载转矩和负载转动惯量两方面的含义。随着负载惯量的增加,启动频率会下降。若除了惯性负载外,还有转矩负载,则启动频率将进一步下降。

(4)连续运行频率 f_c 和矩频特性

运行频率连续上升时,电动机不失步运行的最高频率称为连续运行频率 f_c,它的值也与负载有关。很显然,在同样负载下,运行频率 f_c 远大于启动频率 f_q。

在连续运行状态下,步进电机的电磁力矩将随频率的升高而急剧下降,这两者之间的关系

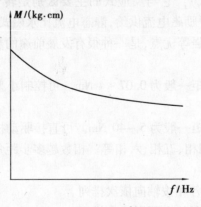

图 7.3 矩频特性

称为矩频特性。图7.3是某步进电机的矩频特性。

7.2.4　步进电机的环形分配器

(1)步进电机的驱动

步进电机绕组是按一定通电方式工作的,为实现这种轮流通电,需将控制脉冲按规定的通电方式分配到各相,这种分配可以用硬件来实现,实现脉冲分配的逻辑电路称为环形分配器。在微机控制系统中,脉冲的分配一般由微机通过软件进行。

经分配器输出的脉冲未经放大故电流很小,而步进电机绕组需要的电流很大,所以由分配器出来的脉冲还需进行功率放大才能驱动步进电机。步进电机的驱动原理如图7.4所示。

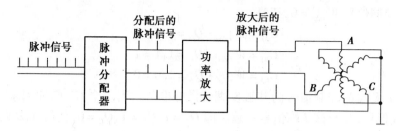

图7.4　步进电机驱动原理图

(2)硬件环形分配器

硬件环形分配器须根据步进电机的相数和要求的通电方式来设计。图7.5是一个三相六拍环形分配器。

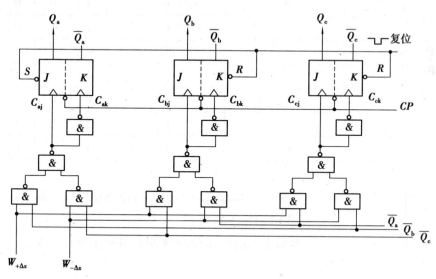

图7.5　三相六拍环形分配器

分配器的主体是三个 J—K 触发器。三个触发器的 Q 输出端分别经各自的功放线路与步进电机 A,B,C 三相绕组连接。当 $Q_A = 1$ 时,A 相绕组通电,$Q_B = 1$ 时,B 组绕组通电;$Q_c = 1$ 时,C 组绕组通电。$W_{+\Delta x}$,$W_{-\Delta x}$ 是正反转控制信号。

正转时各相通电顺序:$A—AB—B—BC—C—CA$

反转时各相通电顺序:$A—AC—C—CB—B—BA$

根据逻辑图,得出 C_A 触发器 J 端的控制信号为

$$C_{AJ} = \overline{\overline{W_{+\Delta x} Q_B} \cdot \overline{W_{-\Delta x} Q_C}} =$$
$$W_{+\Delta x} \overline{Q}_B + W_{-\Delta x} \overline{Q}_C$$

同理

$$C_{BJ} = W_{+\Delta x} \overline{Q}_C + W_{-\Delta x} \overline{Q}_A$$
$$C_{CJ} = W_{+\Delta x} \overline{Q}_A + W_{-\Delta x} \overline{Q}_B$$

各触发流 K 端的控制信号

$$C_{AK} = \overline{C_{AJ}} \quad C_{BK} = \overline{C_{BJ}} \quad C_{CK} = \overline{C_{CJ}}$$

进给脉冲 CP 来到之前,环形分配器处于复位状态 $Q_A = 1, Q_B = 0, Q_C = 0$。设正转控制 $W_{+\Delta x} = 1$,反转控制信号 $W_{+\Delta x} = 0$,于是

$$C_{AJ} = W_{+\Delta x} \cdot Q_B = 1.1 = 1$$
$$C_{BJ} = W_{+\Delta x} \cdot Q_C = 1.1 = 1$$
$$C_{CJ} = W_{+\Delta x} \cdot Q_A = 1.0 = 0$$

各触发器 J, K 端的控制信号为其触发翻转做好准备。当一个 CP 脉冲到来时 C_A, C_B, C_C 的状态翻转(或保持)为与该 J 端信号一致。即 $Q_A = 1, Q_B = 1, Q_C = 0$,使得 A, B 两相通电。以此类推可得出正向环行真值表(见表 7.1)

表 7.1 环形真值表

序号	控制信号状态			Q_A	Q_B	Q_C	导电绕组
	$C_{AJ} = W_{+\Delta x}\overline{Q_B}$	$C_B = W_{+\Delta x}\overline{Q_C}$	$C_{CJ} = W_{+\Delta x}\overline{Q_A}$				
0	1	1	0	1	0	0	A
1	0	1	0	1	1	0	AB
2	0	1	1	0	1	0	B
3	0	0	1	0	1	1	BC
4	1	0	1	0	0	1	C
5	1	0	0	1	0	1	CA
6	1	1	0	1	0	0	A

若 $W_{+\Delta x} = 0, W_{-\Delta x} = 1$,同理可得到反向环形真值表。

(3)软件分配实例

在微机中用软件分配脉冲有各种方案,下面举一实例加以说明:

①PIO 配置　控制脉冲是经通用 I/O 接口 PIO 输出到步进电机各相的。设 PA_0 输出至 A 相,PA_1 输出至 B 相,PA_2 输出至 C 相。如图 7.6 所示。

②建立环形分配表　首先在存储器中建立环形分配表。表 7.2 中 K 为存储单元基地址(十六位二进制数),后面所加的数为

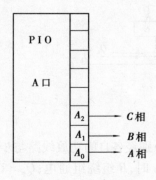

图 7.6　I/O 接口图

地址的索引值。

要使电机正转,只需依次输出表中各单元的内容即可。当输出状态已是表底状态时,须修改索引值使下一次输出重新为表首状态。要使电机反转,只需反向依次输出各单元的内容。当输出状态已是表首状态时,须修改指针使下一次输出重新为表底状态(见表7.2)。

表7.2　环形分配表

存储单元地址	单元内容	对应通电相
$K+0$	$01H$	A
$K+1$	$03H$	AB
$K+2$	$02H$	B
$K+3$	$06H$	BC
$K+4$	$04H$	C
$K+5$	$05H$	CA

(4)环形分配子程序

寄存器分配　　HL——地址指针;

　　　　　　　　B——存索引值。

在主程序中使 A 相通电,寄存器 B 置0。

正转子程序:

```
HXFB:LD        A,B              ;取索引值
     CP        A,05H            ;判断是否到表底
     JR        Z  DYY           ;已到表底则转移
     INC       A                ;索引值加1
     JR        ROUT             ;
DYY: LD        A,00H            ;索引值修改为零
ROUT:LD        B,A              ;保护索引值
     LD        L,A              ;
     LD        H,00H            ;建立地址索引值
     ADD       HL,K             ;形成实际地址
     LD        A,(HL)           ;取输出状态
     OUT(PIODRA),A              由 PIO 口输出
     RET                        ;子程序返回
```

若要反转,可修改本程序,使表内状态值逆序输出。

7.3 步进电机的驱动电源

7.3.1 对步进电机驱动电源的要求

(1)能提供幅值足够、前后沿较好的励磁电流

步进电机的控制绕组是一个铁芯电感线圈,在接通或断开时,电流不能突变。由于过渡过程的存在,使得在一个通电周期中,实际电流平均值比理想的矩形波小,从而使电机运行时的输出转矩降低。另外,随着电机运行频率提高,每相绕组通电时间将减少,而过渡过程的时间常数不变,常使得绕组电流还没有来得及达到稳定值,就又被切断,更使电流平均值变小,输出转矩下降,使得电机矩频性在运行频率较高时变软。

同理,电机绕组突然断电时,电流不能立即消失,而按指数规律下降,残余电流较大。这样就出现阻碍步进电机转向下一步的过阻尼现象,也使得电机的输出转矩和工作频率下降。因此,除了在步进电机设计时尽量减小绕组电感外,还要对驱动电源采取措施,使提供的电流波形尽量接近矩形波,以提高电机运行性能。

(2)本身的功耗小、效率高

为保证步进电机有一定的输出转矩和快速性,必须使用较高的驱动电压。此时为了减小过渡过程时间常数并限制励磁电流不超过额定值,往往要串联适当的电阻。这在电机每相电流不大时,还是允许的。但对功率步进电机来说,每相电流常达十几安培,电阻消耗的功率就太大了。这时,常采用功耗小、效率高,又能加快过渡过程的高低压供电方式。

(3)能稳定可靠运行

(4)成本较低且便于维修

7.3.2 步进电机驱动电源分类

(1)按供电方式分类

①单电压供电,一般采用 12 V,27 V,60 V。

②双电压供电(又称高低压切换),高压采用 80 V,110 V,160 V,220 V,300 V;低压采用 12 V,15 V。

③调频调压供电。

(2)按功率驱动部分所用元件分类

①大功率晶体管驱动;

②快速晶闸管驱动;

③可关断晶闸管驱动(GTO);

④混合驱动。

7.3.3　提高驱动电源性能的措施

图7.7(a)是一个简单的功率放大线路。图中 L,r 是步进电机某相绕组的电感和内阻,二级管 D 和电阻 R_d 组成放电回路,以防止晶体管 T 关断瞬间绕组反电势可能造成的管子击穿。R_0 为限流电阻、保证通电后电流稳态值为额定值。电容 C 称为加速电容,动态时,利用它的旁路作用,使电机绕组电流上升加快,改善电流波形的前沿。由于电机绕阻存在电感 L,当晶体管 T 突然接通后,绕组电流按指数规律上升。其时间常数为

$$\tau_1 = \frac{L}{R_0 + r}$$

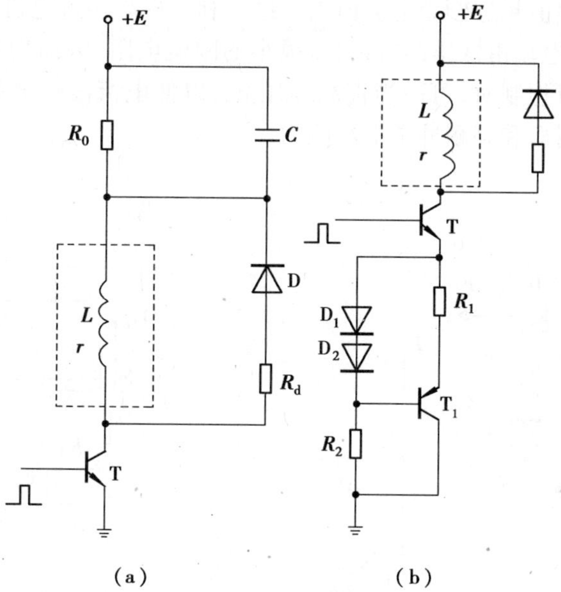

图7.7　简单的功率放大线路

当晶体管 T 突然截止时,电流同样按指数规律下降。此时时间常数为

$$\tau_2 = \frac{L}{R_d + r}$$

可见,为了减小 τ_1 和 τ_2 以提高电流波形的前后沿陡度,必须加大与电机绕组相串联的限流电阻 R_0 和放电回路的电阻 R_d。R_0 值一旦增加,为保持电机绕组中的稳态电流不变,势必要提高电源电压 E。这就造成限流电阻功耗增大,功率驱动部分效率降低。为此,可采用图7.7(b)所示线路,此线路用一恒流源代替限流电阻。图中 D_1,D_2 二个二极管作稳压用,绕组电流主要取决于 R_1。由于 D_1,D_2 上压降较小,R_1 值也较小,三极管 T_1 工作在放大状态,在过渡过程中等效电阻很大,减小了时间常数,改善了脉冲前沿。在稳态时,三级管损耗也不大。这种线路结构可使供电电压不致太高,功耗也较低,电机频率特性得到一定改善。这种单电压供电线路,因其线路简单,常被用于驱动电流较小的步进电机。

为进一步加快绕组电流的上升和降低功率驱动部分的功耗,可采用双电压供电(又称高

低压切换)方式。

这种线路的特点是:

开始时先接通高压以保证电机绕组中电流有较陡的上升沿。然后再截断高压,由低压供电,以保护电机绕组中的稳定电流等于额定值。高低压切换的原理和波形见图7.8所示。其动作过程如下:V_{bg}与V_{bd}同时由低电平跳到高电平,使三级管T_g,T_d同时导通,接通高压E_g,电机绕组L中电流按由E_g决定的曲线①迅速上升。当电流达到电机额定电流的$1 \sim 2$倍时,V_{bg}跳回低电平,关断T_g。二极管D_2导通由低电压E_d供电,于是绕组电流下降,再按由E_d决定的曲线②达到额定电流值。通电结束时,V_{bd}跳回低电平,电流按放电指数曲线下降到零。这种供电方法,虽然在高压和低压供电时,电路的时间常数不变,均为$\tau = L/(R_c + r)$,但指数上升曲线的稳态值是不同的,高压稳态值比低压大E_g/E_d倍,所以高压供电时,电流上升率比只用低压供电时快E_g/E_d倍,上升时间明显减少。电流上升曲线见图7.8(b)中实线所示。图中高压作用时电流上冲幅值超过额定电流值I_n。这有利于提高步进电机的启动频率和最高连续工作频率。另外,额定电流由低压维持,只需很小的限流电阻,因而功耗也很低。高低压切换方式用于功率步进电机控制时,可适当提高高压E_g,以使电流波形上升沿更陡。但相应地要求功率开关元件有高耐压和高耐冲击电流能力。

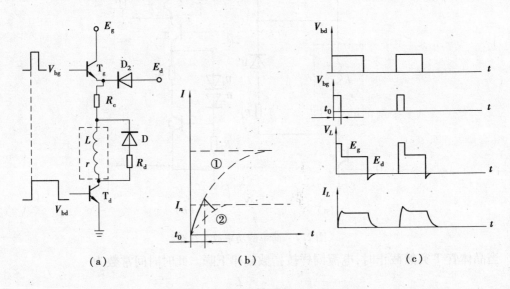

图7.8 双电压供电线路及有关波形

在高低压切换供电方式下,还可采用高压箝拉放电的方法,改善电流波形下降沿并保护低压功率管,原理线路如7.9所示。图中放电回路并在绕组和高压电源上,而不是如图7.8(a)那样并联在绕组两端。这样,当低压管T_d关断时,在绕组的放电环路中,如图7.9(a)所示,增加了$80 \sim 12$ V的阻挡电势,因而使放电电流下降加剧,如图中曲线②所示。由线①是原放电回路并联在绕组两端的情况,曲线②放电电流趋向的稳态值是$\dfrac{12-80}{R_c + R_d + r}$(A),但由于二极管的阻挡,电流至零后不再反向,故在图7.9(b)中,用虚线表示不发生的负电流。如果进一步提高高压E_g(如使用110 V),放电电流将趋于更负的稳态值,电流的下降就更陡,如图7.9(b)中曲线③所示。由图7.9(a)看出,当续流二极管D导通时,若忽略电阻R_d压降,低压管的集电

极电压被箝制在 +80 V,起到了保护作用。

可见,高低压切换的供电方式具有功耗小,绕组电流前后沿陡,启动转矩大,启动频率和最高工作频率高等显著优点,因而在步进电机的驱动电路中被广泛地采用。

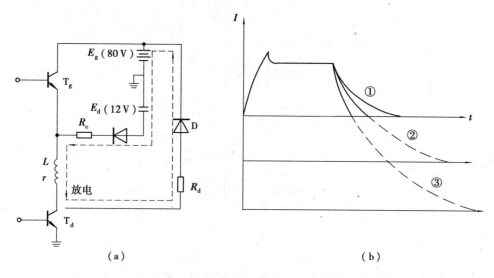

图 7.9　高压箝位放电线路及波形

7.3.4　功率放大器线路介绍

功率放大器是驱动电源中主要的组成部分,下面介绍几种典型的功率放大线路。

(1)单电压供电方式

图 7.10 所示功率放大器由二级射极跟随器和一级大功率反相器组成。第一级射极跟随器主要起隔离作用,使功率放大器对环形分配器的影响减小。第二级射极跟随器的 T_2 处于放大区,以改善 T_2 的动态特性。另一方面由于射极跟随器输出阻抗低,可使加到功率管 T_3 发射极的脉冲前沿较好。

当环形分配器来的信号 V_{sr} 为"1"时,$V_{b3} > 0$,功率管 T_3 处于导通状态。T_3 管一导通,则 60 V 电压经步进电机绕组 L,R_{c1},R_{c2},T_3 形成通路,由于绕组电感的影响,电流按指数规律上升,最后达到稳态值约 3.5 A。当 V_{sr} 为"0"时,$V_{b3} < 0$,T_3 管截止,绕组断电,由于绕组电感存在,在绕组两端产生很大的感应电势,此感应电势与电源电压一起加在 T_3 管上,可能造成损坏。为此,一般采用并联二极管或阻容电路的方式进行保护。这样,当 T_3 关断时,感应电势使 D 导通,给放电电流提供通路,使电流变化率减小,感应电势也因此减小,保护了功率管 T_3。阻容吸收回路是利用电容两端电压不能突变原理,防止在 T_3 截止瞬间,感应电势全部加在 T_3 管上。此外,图中的电阻 R_{c1} 和 R_{c2} 用来保证绕组稳态电流为额定值,同时起到减小电路时间常数,改善电流波形前沿的作用。

(2)双电压供电方式

双电压供电的功率放大器。其主电路开关元件一般选用晶体管、晶闸管或可关断晶闸管。采用晶体管作为主电路开关元件,如图 7.11 是采用晶体管的高低压定时切换线路。这种

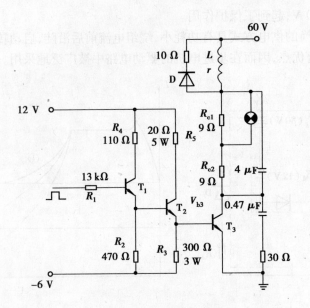

图 7.10　单电压驱动线路

线路的特点是:采用高低压同时供电,但高压每次导通时间都是固定的,一般为 100~600 ms。当环形分配器有输出时,图中高低压功率管同时导通,电机绕组以 +80 V 供电,绕组电流迅速上升,达到单稳所规定的延时。高压管截止,改由低压 12 V 供电,维持绕组所需额定电流值。调整单稳延时就可改变高压管通电的时间。

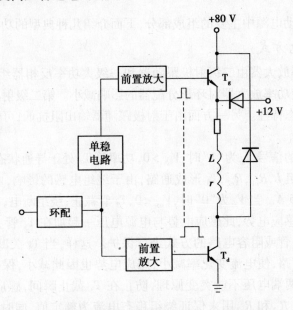

图 7.11　采用单稳的高压定时驱动线路

高压通电的定时也可用脉冲变压器来控制,图 7.12 是这种功率放大器的实例。

电路的工作原理如下:输入信号为低电平时,T_1 截止,T_2 导通,T_3 处于放大工作状态,发射极 V_{e3} 约为 -0.4 V,故 T_d 截止,绕组 L 中没有电流流过。此时脉冲变压器 MB 初级是稳定

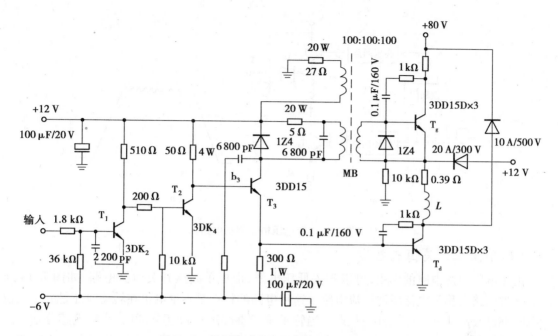

图 7.12　采用脉冲变压器的高压定时驱动线路

的直流,次级无感应电势,因而 T_g 为截止状态。当输入变高电平时,T_1 导通,T_2 截止,T_3 饱和导通,V_{e3} 升高,使 T_d 导通。此时和 T_3 串联之脉冲变压器初级中的电流迅速上升,使次级产生足够的感应电势,所以 T_g 也迅速饱和导通。于是,高压加在绕组上。经过一段时间(可整定为 $200\sim600$ ms),MB 初级中电流达到恒定值,电流不再变化,次级中的感应电势消失,使 T_g 管恢复截止状态。改由低压电源向电机绕组供电,待输入信号回到低电平时,T_d 也截止,使绕组通电结束。图中 L_ω 为脉冲变压器的位移绕组,它的作用是产生反向直流磁通使磁路工作在不饱和区,并用调整位移绕组 L_ω 中电流的方法,来改变磁路中直流磁通量,从而达到调整脉冲变压器输出脉冲宽度的目的。图中"﹡"号标出了脉冲变压器各绕组的同名端。此外还在绕组回路中串联了熔断器作过流保护。

应当指出,高压定时控制双电压切换方式是用时间来控制绕阻电流上冲幅值的,因此在使用中要严格控制高压通电时间,以免烧坏大功率驱动管。另外在整定时间时,要注意各相绕组高压通电时间的一致性。

(3)双电压恒流驱动电路

高低压驱动电路中,在低压电连续供电区间,由于电机电感的作用,电流波形将下陷,使电流的平均值下降,电磁转矩减小。图 7.13 提供的双电压恒流驱动电路可以解决这个问题,这种电路又称为波顶补偿电路。

这个电路在电机绕组回路中串联了一个电流检测电阻 R_e,检测电路的电流值。当该电阻上的电流下降到某一值时,发出信号到控制门控制高压管 T_1 再次接通,则绕组电流重新上升,直至回升到上限值时,高压管重新关断,在进给脉冲作用期间,高压管一直处于这种断续工作状态。这就使得电流波形的波顶维持在预定的数值上,如图 7.13(b)所示,比较好地解决了高低压驱动电路电流波形下凹的问题。由于绕组电流平均值的增加,使电机的矩频特性在低频段也得到了改善。

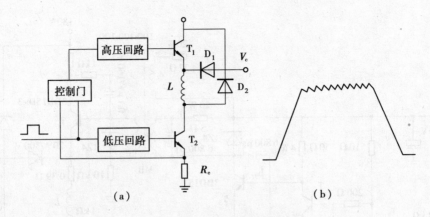

（a）　　　　　　　　　　　　　（b）

图 7.13　双电压恒流驱动电路

（4）单高压开关恒流电路

由于电压检测电路的作用,可以省去低压电源,形成单高压开关恒流电路,如图 7.14 所示。这种电路又称为电流斩波恒流电路。这种电路的特点是不论电机在转动时还是处于定位状态时都以较高频率工作在开关状态。当管子 T_1 关断,管子 T_2 仍导通时,绕组电感分别经过两个电路放电,一个是地→D_1→L→T_2→R_e→地,另一个是 L→D_2→高压电源→D_1,如图 7.14(b)所示。一方面维持电流连续,另一方面将电感能量反馈到高压电源。当 T_1 和 T_2 都关断时,绕组电感经过 D_2→高压电源→D_1 形成放电回路,以获得较陡的电流后沿,同时抑制了危害管子的过电压。

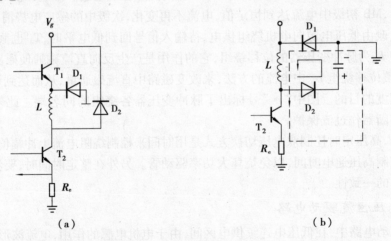

（a）　　　　　　　　　　　　　　（b）

图 7.14

这种电路由于绕组的磁场能量以电能的形式反馈到电源,可大大提高电源的供电效率。并且因管子工作在开关状态,功耗也大大下降。概括起来,它的优点是功耗小,高速出力大,低速运动平稳,抗干挠能力强,线路简单,故障率低,价格低廉,是一种很值得推广的驱动电路。

7.4 微机数控系统的接口电路

图 7.15 所示电路为一经济型数控车床的微机数控硬件原理图,其中控制模板为核心部件,另有扩展的 10k EPROM,其中 8k 用来存放整个机床的控制程序,2k EPROM 存储器用来存放机床的零件加工程序。控制模板中采用 PIO 作为步进电机和其他输入输出开关量的控制口。下面分别对扩展电路,电机控制电路和各开关量控制电路作简单介绍。

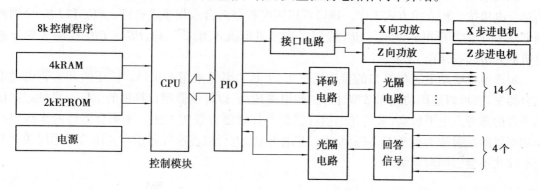

图 7.15 微机控制器硬件原理图

7.4.1 存储器扩展电路

图 7.16 是存储器扩展电路。图中译码器 LS138 对其他元件的控制线路已省略未画出。

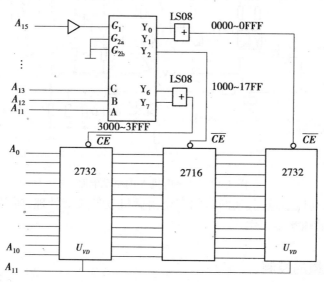

图 7.16 存储器扩展电路

将 $\overline{Y}_0$, $\overline{Y}_1$ 端输出接到图中上面一个 LS08 的两个输入端,把 $\overline{Y}_6$ 和 $\overline{Y}_7$ 端输出接到图中下面一个 LS08 的两个输入端,再分别把它们的输出接至两片 2732 的片选端 $\overline{CE}$,由于 $\overline{Y}_0$,$\overline{Y}_1$,$\overline{Y}_6$ 和 $\overline{Y}_7$ 还用于选通其他元件,所以在这两片 2732 片的 U_{VD} 端增接地址线 A_{11}。这样可使容量扩大一倍到 4k。两片即为 8k。此 8k 作为存储系统程序,另一片 2716 直接由 $\overline{Y}_2$ 选通,其容量为 2k 用于固化加工另件程序。

7.4.2 步进电机控制电路

在此系统中采用了 PIO 的 B 口作为步进电机的控制口,向步进电机的驱动电源输出相序信息。电机按三相六拍方式工作。该口可以同时控制两台三相步进电机。PB_6 和 PB_7 分别控制 Z 向和 X 的高压电源,$PB_0 \sim PB_2$ 控制 Z 向步进电机 A,B,C 三相,$PB_3 \sim PB_5$ 控制 X 向步进电机的 A,B,C 三相。

步进电机驱动电源与 B 口的接线见图 7.17 其功率管采用 3DD15。低压的开关管由光电耦合器驱动,可以隔离功放和微型计算机的电源地线,以保证微型计算机的工作可靠性。高压功率管的参考点电平较高,采用光电耦合器是十分简便有效的方法。光耦合器件的次级以高压功率管的发射极为参考点,只要发光二极管导通,就可以使次级导通。高压管导通时引起的电平变化不会影响激励级。

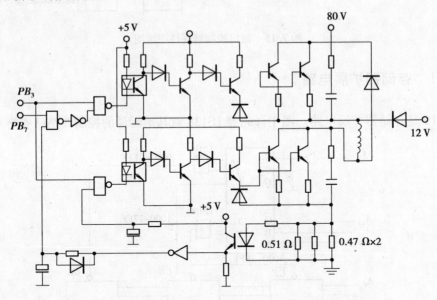

图 7.17 步进电机 X 向驱动电路

图中 PB_7,控制高压通道,其通断时间完全由微机软件灵活处理,所以大大简化了电路并且可以选择在一个最佳状态工作。

7.4.3 开关量的控制

机床的各个开关量和微机的信息交换是通过 PIO-A 口进行的。由于 A 口既有输入信号又有输出信号,所以将 A 口定义为位控方式。其中 $PA_0 \sim PA_3$ 为输出位,其输出信号经过逻辑电路转换成 14 位输出信号,以控制刀架转位,主轴变速等。$PA_4 \sim PA_7$ 为输入口,接受行程限位开关暂停、主轴同步脉冲等信号。其线路如图 7.15 所示。

习 题

1. 通过三相反应式步进电机的例子说明步进电机的工作原理。
2. 试述步进电机的主要技术指标与特性。
3. 列出三相六拍环行分配器的反向环行分配表。
4. 对步进电机驱动电路有什么要求?驱动电路有哪几种类型?各有什么特点?
5. 微机系统软件的作用是什么?核心部分应包括哪些内容?

第 8 章　可编程控制器(PC)

8.1　可编程控制器概述

可编程控制器是在继电器控制和计算机控制的基础上发展而来的新型工业自动控制装置。早期的可编程控制器在功能上只能实现逻辑控制,因而被称为可编程逻辑控制器(Programmable Logic Controller),简称 PLC。微电子技术和微计算机的发展渗透到科学技术的各个领域,自然也促进了 PLC 的发展。微处理器用于可编程控制器,使可编程控制器的功能增强,它不仅可以实现逻辑控制,还能对模拟量进行控制,因此,美国电气制造协会于 1980 年将它正式命名为可编程控制器(Programmable Controller),简称 PC。PC 这一名称在国外工业界已使用多年,但近年来 PC 又成为个人计算机的简称,因此,在容易发生混淆之处,也可把可编程控制器称为 PLC。

8.1.1　PC 的结构与工作原理

(1)PC 的基本结构

PC 实际上是一种工业控制微机,因而它的硬件结构与一般微机控制系统相似,其主体由微处理器(CPU)、存储器、输入模块、输出模块、电源及编程器等组件构成。图 8.1 是 PC 的系统构成框图。

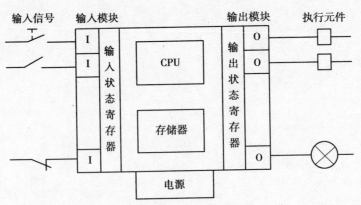

图 8.1　PC 的系统构成

电源单元将交流电转换为 PC 内部所需的直流电,电源组件具有高的抗干扰能力,使供电稳定、安全可靠。电源组件内还装有备用电池(锂电池),以保证在断电时,存放在读写存储器(RAM)中的信息仍能保持。

PC 的存储器包括只读存储器(ROM)和读写存储器(RAM),前者用来存放系统程序,它相当于单板机的监控程序或个人计算机的操作系统。系统程序由生产厂家固化在 ROM 内。读写存储器用来存放用户程序,它通过外接的专用编程器写入。

输入模块主要包括光电耦合器输入接口,输入状态寄存器和输入数据寄存器。输入端子接受各种有触点的和无触点的开关是信号或连续变化的模拟量信号(经 A/D 转换),输入到输入状态(映象)寄存器或输入数据寄存器中。

输出模块包括输出状态(映象)寄存器,输出锁存器,光电耦合器和功率放大器等部分。PC 提供三种类型的输出:机械触头继电器、无触点型交流开关(双向晶闸管开关);无触点型直流开关(晶体管输出);以供驱动不同类型的负载。继电器输出型的输出接口是微电磁继电器,它提供一动合触头,可直接驱动交流接触器线圈,交流电磁阀,直流电磁铁等功率器件,而不用外加接口,这就给用户带来了极大方便。

微处理器(CPU)是 PC 的控制中枢,它包括运算器和控制器。由于它采用循环处理方式工作,对于小型 PC,指令类型又较少,因而 PC 的控制器比微机简单。PC 的运算器具有很强的逻辑运算功能,但其他的运算功能一般比微机少。

编程器除了用来输入和编辑用户程序外,还可用来监视 PC 工作时各种编程元件的工作状态。

(2)PC 内部的等效继电器系统

虽然,PC 是以微处理器为基础的装置,但应用时不必从计算机的角度去深入了解,因为 PC 的工作酷似一个继电器系统。只不过组成 PC 的继电器、定时器和计数器等是用编程方式来实现的软继电器,PC 内部的等效继电器系统如图 8.2 所示。

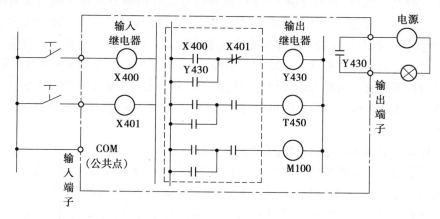

图 8.2 PC 的等效继电器系统

输入端子是 PC 从外部输入信号的端口。输出端子是 PC 驱动外部负载的端口。

PC 内部的输入继电器(如用 X 表示)由外部信号通过输入端子驱动。输入继电器可提供无限多对常开、常闭的软触点供内部使用。

输出继电器(如用 Y 表示)的触点与输出端子相连,通过输出端子驱动外负载。输出端子除了提供一对常开触头驱动负载以外,还可以提供无限对常开、常闭触点供内部使用。

PC 内部还备有多种类型的元器件如定时器(如用 T 表示)、计数器(如用 C 表示)、辅助继电器(如用 M 表示)等。所有这些元器件都是用软件实现的,又称为编程继电器,它们都有许多用软件实现的常开、常闭触点,这些触点只能在 PC 内部(即编程时)使用。虚线框内的就是用编程触点构成的控制电路,称为继电器梯形图,它是虚拟的,无实际连线,这一点需要特别注意。

(3)PC 的周期工作方式

PC 是通过一种周期工作方式来完成控制的,每个周期包括输入采样、程序执行,输出刷新三个阶段。图 8.3 是 PC 的周期工作示意。

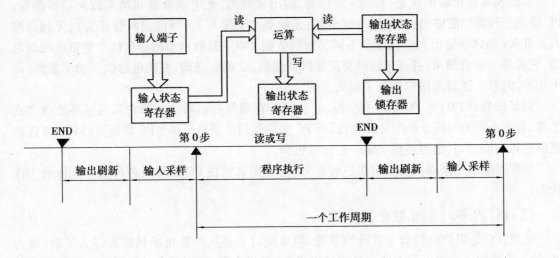

图 8.3　PC 的周期工作方式

输入采样阶段　当 PC 开始周期工作时,控制器首先以扫描方式顺序读入所有的输入端的信号状态(1 或 0),并逐一存入输入状态寄存器。输入状态寄存器的位数与输入端子的数目相对应,因而输入状态寄存器又可称为输入映象寄存器。值得指出的是,PC 对输入元件的要求特别简单。例如某一按钮具有一动合一动断触头,对于 PC 只须接入一动合(或一动断)触头。控制器根据该触头的状态即可判断按钮是否动作,而这一触头的状态可在程序中重复使用。这就可大大减少输入信号线的根数,同时也可简化元件的结构,对于提高可靠性、降低成本方面很有好处。

输入采样结束后转入程序执行阶段。在程序执行期间,即使输入状态变化,输入状态寄存器的内容也不会改变。这些变化只能在下一工作周期的输入采样阶段才被读入。

程序执行阶段　PC 的用户程序决定了输入信号与输出信号之间的具体关系。组成程序的每条指令都有顺序号,在 PC 中称为步序号。指令按步序号依次存入存储单元。程序执行期间,在无跳转指令时,地址计数器顺序寻址,依次指向每个存储单元,控制器顺序执行这些指令。执行指令时先读入输入状态寄存器的状态,若程序中规定要读入某输出状态,也在此时从输出状态寄存器的某对应位读入,然后进行逻辑运算,运算结果存入输出状态寄存器。这就是说输出状态寄存器的内容,会伴随程序的执行而变化(由输出指令的执行结果所决定)。输出状态寄存器的位数与输出元件数目相对应,所以它又称为元件映象寄存器。

输出刷新阶段　在所有的指令执行完毕后,输出状态寄存器中的状态(即输出继电器的状态)在输出刷新阶段转存到输出锁存器锁存,驱动输出线圈,形成 PC 的实际输出。

在一个周期执行完后,地址计数器恢复到初始值,重复执行由以上三个阶段构成的工作周期。

虽然可以把 PC 看成一个用微处理机实现的许多电子式继电器、定时器和计数器的组合体。不过,特别需要注意的是 PC 与继电器开关电路在动作顺序上的差别。对于继电器开关电路,全部继电器的动作可以看成是并行执行的,或者说是同时执行的,而 PC 的电器动作是按程序或者说是串行,按周期重复执行的。这使得 PC 的输出对于输入存在滞后,因此在进行 PC 程序设计时,应充分注意它的周期工作方式。

由图 6.3 可以得出输入输出处理的规则是:

①口输入状态寄存器的内容,由上一个输入采样期间输入端子的状态决定。

②输出状态寄存器的状态,由程序执行期间输出指令(OUT)的执行结果所决定,它是随程序执行而改变的。

③输出锁存电路的状态,由程序执行期间输出状态寄存器的最后状态来确定的。

④输出端子板上各输出端的状态,由输出锁存电路来确定。

⑤程序如何执行,取决于输入输出状态寄存器的状态。

8.1.2　PC 的特点与应用领域

(1)PC 的特点

在对 PC 的构成和工作原理有了初步了解的基础上,可归纳出 PC 的主要特点如下:

①通用性强　PC 这种控制装置硬件是标准化的,要改变控制功能只需改变程序即可。同一台 PC 可以用于不同的控制对象。加之 PC 的产品已系列化,功能模块品种多,按功能不同有低、中、高档之分,可以灵活组成各种不同大小和不同功能的控制装置。

②硬件设计和接线简单　由于 PC 的接口按工业控制的要求设计,输出接口的驱动功率强(一般交流输出到电阻性负载每点电流可达 2 A),能直接驱动接触器、电磁阀等线圈,可免除二次开发的困难,因而,用户在硬件方面的设计工作只是确定 PC 的硬件配置和外部接线而已。对于接线,只需将提供输入信息的按钮、限位开关、光电开关、无触点开关等接入 PC 的输入端子;把电磁铁、电磁阀、接触器等线圈接到 PC 的输出端子并配上对应的负载电源和保护装置,即完成了全部接线任务。

③可靠性高,抗干扰能力强　可靠性是控制装置的生命。PC 采取了一系列硬件和软件抗干扰措施,能适应有各种强烈干扰的工业现场,并具有故障自诊断能力。如一般 PC 能抗 1 000 V,10 μs 脉冲的干扰,其工作环境温度为 0~55 ℃,不需强迫风冷。从实际使用情况来看,用户对 PC 的可靠性相当满意。

④体积小、功耗小、性能价格比高　以某公司小型 PC(Tsx21)为例,它具有 128 个 I/O 接口,可相当于 400~800 个继电器组成的系统的控制功能。其尺寸仅为 $216 \times 127 \times 110$ mm^3,重 2.3 kg,不带接口的空载功耗为 1.2 W,其成本仅相当于同功能继电器系统的 10%~20%。

由于体积小,PC 很容易装入机械设备内部,是实现机电一体化的理想控制设备。

（2）PC 的应用领域

PC 与其他的计算机控制相比较具有显著的特点。

个人计算机（如 IBM-PC/AT）具有很强的数据处理能力。如用于控制,还需附加专用的 I/O接口。但它们对环境要求很高,抗干扰能力不强,一般不适于工业现场使用。

单板机开发能力弱、功能有限。不但难于满足复杂控制的要求,而且还必须进行二次开发（接口设计）才能应用。

单片机要用于工业控制,一般还要附加配套的集成电路和 I/O 接口。用户必须完成大量的硬件设计和制作工作,这是甚为头疼的。

工业控制计算机也是为工业控制专门设计的。它的功能很强,但价格很高。若用于开关量控制有"杀鸡用牛刀"之感。

以上各种计算机用于控制的程序大多是用汇编语言写的,工厂的电气工程师和操作维护人员较难掌握。

PC 是专门为工业控制设计的一种计算机系统,是一种通用的控制产品。PC 由于具有前述的优点,在工业控制领域内具有不可比拟的竞争力。在发达工业国家,PC 已广泛用于所有工业部门。随着 PC 的性能价格比不断提高,过去使用专用计算机的场合也可使用 PC,PC 的应用范围正不断扩大。

①开关量逻辑控制　这是 PC 最基本最广泛的应用。可以用价格低,仅有开关量控制功能的小型 PC 作为继电器控制的替代物。开关量控制可以用于单台设备,也可用于自动生产线。

②运动控制　PC 可使用专用运动控制模块实现直线运动和圆周运动的位置控制。世界上各主要生产厂家生产的 PC 几乎都有运动控制功能。PC 的运动控制功能可广泛用于各种机械,如机床、装配机械、机器人、电梯等。

③闭环过程控制　过程控制是指对温度、压力、流量、转速等连续变化的模拟量的闭环控制。现代大中型 PC 一般都具有 D/A,A/D 转换及 PID 闭环控制功能的专用模块。PC 的模拟量 PID 功能已广泛用于塑料挤压成型机、加热炉、热处理炉、锅炉等设备和轻工、化工、机械、冶金、电力、建材等行业。

④数据处理　现代大中型 PC 具有很强的数学运算能力,可以完成数据的采集和分析。数据处理一般用于大型控制系统如无人柔性制造系统或过程控制系统。

⑤通讯　高档 PC 具有 PC 与 PC,PC 与远程 I/O,PC 与上位计算机之间的通讯功能。利用 PC 的联网功能,可形成多级控制系统。通常采用多台 PC 分散控制,由上位计算机集中管理,这种控制系统称为分散式控制系统。

8.1.3　PC 的发展

1968 年美国通用汽车公司（GM）提出如下设想:能否把计算机的功能完善、灵活、通用等优点和继电器控制系统的简单易懂、操作方便、价格便宜等优点结合起来,做成一个通用的控制装置。1969 年美国数字设备公司（DEC）研制出世界上第一台可编程控制器,并在美国的通用汽车公司的生产自动装配线上首次应用成功,从此以后得到迅速发展。美国从 1971 年开始输出这项技术。1973—1974 年西德、日本、法国相继开发了各类适用于本国的 PC,并广泛推广应用。20 多年来 PC 的发展迅猛异常,在微机日益普遍用于工业控制的今天,PC 仍然能保持很高的增长率(>20%/年)。各生产厂家竞争激烈,导致 PC 更新换代很快,周期一般是 3 ~ 5 年。在发达工业国家,PC 已广泛用于所有工业部门。以机床行业为例,PC 的应用比例在 1982 年就已高达 40%。

表 8.1　一些常见 PC 性能一览表

公司名称	型　号	最大开关量 I/O	最大模拟量 I/O	扫描速度 ms/k	用户程序存储器容量	数据存储器容量	高级语言	运动控制	PID 功能
A—B	SLC-100	112	24	22	885				
	PLC-2/02	128	128	12.5	2 k	2 k	Y	Y	Y
	PLC-3	8 192	4 096	2.5	2 M	2 M	Y	Y	Y
	PLC-5/250	4 096	2 048	1	384 k		Y	Y	Y
GE FANUC 通用电气	GE ONE JR	96		40	0.7 k				
	GE ONE PLUS	168	24	12	3.7 k				
	GE FIVE PLUS	2 048	512	1	16 k		Y		Y
	GE SIX PLUS	8 000	992	0.8	64 k		Y	Y	Y
	GE-90 30/311	80	96	18	3 k	512			Y
	GE-90 70/781	12 K	4 K	0.4	256 k	18 k	Y		Y
MODICON	MICRO 984	112	12	5	6 k	2 k			
	984-380	256	64	5	6 k	2 k	Y		Y
	984-680	1 024	1 920	3	16 k	4 k	Y		Y
	984B	16 384	4 096	0.75	64 k	12 k	Y		Y
TI 德州仪器	TI510	40		16.7	256				
	TI100	128		5	1 k				
	TI435	640	40	0.49			Y		
	565	8 192	8 192	2.2	384 k		Y	Y	Y
西屋	PC-500	128	8	70	1 k	1 k			
	PC-503	256	32	2	10 k	2 k	Y		Y
	PC-700	512	64	7	8 k	1 796			Y
	HPPC-1500	8 192	512	1	224 k	32 k	Y		Y
三菱	F1	120	18	12	1 k	128	Y	Y	Y
	FX	128	24	0.74	8 k	3 308			
	A2A	512		2.25	14 k		Y	Y	Y
	A3M	2 048	968				Y	Y	Y
OMRON 立石	C20H	140	36	0.75	2.8 k	2 k			
	C200H	384	40	0.75	6.9 k	2 k		Y	Y
	C500	512	64	5	6.6 k			Y	Y
	C2000H	2 048	64	0.4	32 k			Y	Y
东芝	EX40-PLUS	80	2	60	1 k	300			
	EX-100	992	60	0.9	4 k	3 k		Y	Y
	EX-250	768	32	0.9	4 k	3 k	Y	Y	Y
	EX-500	1 024	200	0.75	8 k	3 k	Y	Y	Y

美国在 PC 的研制开发方面居领先地位。著名的生产厂商有 A—B(Allen&Bradly)公司、

通用电气公司(GE)、歌德(Gould)公司、德州仪器(TI)公司和西屋(WestingHouse)公司等。

日本著名的厂家有三菱、立石(Omron)、东芝、日立、富士等公司。日本厂家长于小型整体式 PC 的研制和生产。

欧洲著名的厂家有德国的西门子公司和法国的 Alethom Telemecanigue 公司等。

表 8.1 是上述国外主要生产厂家生产的 PC 的主要性能。表中扫描速度的单位 ms/k 是指执行 1k(1 024)指令所用的时间(ms)。表中的"Y"表示有相应功能。

我国 PC 的发展开始于 1973 年。为了缩小与发达国家的差距,迅速改变我国电控技术的落后面貌,加速 PC 在我国的发展和应用,与微机技术一样采取引进、消化、吸收的办法,并在此基础上研制出了一批国产 PC。表 8.2 是国内一些 PC 生产厂家和型号。各行各业涌现出一批应用 PC 改造设备的成果,PC 技术在国内的迅速推广已显示出它强大的生命力。PC 在我国各工业领域的广泛应用已指日可待。

表 8.2 国内的一些 PC 生产厂家

PC 的型号	生产单位
CF-40MR	上海起重电器厂
TS-300	四川仪表十五厂(重庆)
TCM-40	上海大华仪表厂
NK-40	广州南洋电器厂
KOYO 系列	无锡华光电子工业有限公司
DTK-S-84	天津自动化仪表厂
PC-700,PC-900	上海调节器厂
MPC,KB-40	机电部北京机械工业自动化研究所
ZHS-PC	机电部大连组合机床研究所
ACMY-S256	上海香岛机电制造有限公司
MZB-256,KKI-IC	上海自力电子设备厂
BCM-PIC	北京椿树电子仪表厂
PC-SG	北京首钢电子公司
PC-10	上海电器技术研究所
PC-80	陕西骊山电子公司
DKK02	杭州机床电器厂
SIMATIC S5	辽宁无线电二厂
SLC-100,PLC-2,PLC-5	厦门艾伦—布拉德利有限公司
E,EM,H 系列	上海国际程序控制公司

为了适应不同层次的需要,进一步扩大 PC 在自动化领域中的应用,PC 正朝着以下两个方向发展。

其一,低档 PC 向微型、简易、价廉方向发展,使之能更广泛地成为继电器的替代物。

其二,高档 PC 向大容量、高速、高性能方向发展。不断增强过程控制功能,使大型 PC 具有个人计算机的功能,使之能取代工业控制微机的部分功能,对大规模、复杂控制系统进行综合控制。随着 PC 技术的迅速发展,有人预言,今后的计算机数控系统将变成以 PC 为主体的控制和管理系统。

PC 控制技术将成为今后工业自动化的主要手段。在未来的工业生产中 PC、机器人、CAD/CAM 将成为实现工业自动化的三大支柱。

8.2　PC 的编程语言及指令系统

8.2.1　PC 的程序表达方式

PC 的使用对象是广大电气技术人员及操作维护人员。为了满足他们的传统习惯,通常,PC 不采用难于掌握的微机编程语言,即采用面向控制过程、面向问题的“自然语言”编程。由于 PC 厂家提供的 PC 硬件设计构思不尽相同,所以各厂采用的程序表达方法也不完全相同。下面就常用的程序表达方式作简要介绍。

(1)继电器梯形图

这种表达方式与传统的继电器电路图非常相似;直观、形象,对于那些熟悉继电器控制的人来说,最易被接受。

梯形图如图 8.4。梯形图按自上而下,从左到右的顺序排列。每个继电器线圈为一个逻辑行,即一层阶梯。每一逻辑行起于左母线,然后是触点的各种连接,最后终止于继电器线圈(通常加上一条右母线)。整个图形呈阶梯状。

梯形图是形象化的编程手段。梯形图的左右母线是不接任何电源的,因而梯形图中没有真实的物理电流,而只有“概念”电流。“概念”电流只能从左到右流动,层次的改变只能先上后下。

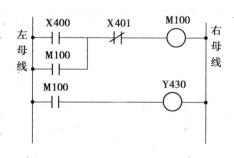

图 8.4　梯形图

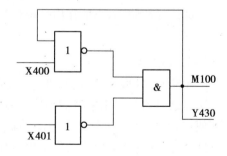

图 8.5　逻辑功能图

(2)逻辑功能图

对应于图 8.4 的逻辑功能图如图 8.5。它基本上沿用了半导体逻辑电路的逻辑图来表达。这种方式易于描述较为复杂的控制功能。它表达直观,查错查漏都比较容易,因此,它是编程时常使用的一种方式。但它必须采用带有显示屏的编程器才能描述。

（3）功能流程图

它类似于计算机常用的程序框图,但它有自己的规则。描叙控制过程详尽具体,包括每框前的输入信号,框内的工作内容,框后的输出状态,框与框之间的转换条件。这种方式容易构思,是一种常用的程序表达方式。

（4）逻辑代数表达式

可以对前两种方式写出输出信号和中间变量的逻辑表达式。这是一种辅助的程序设计方法。如图 8.5 的逻辑表达式为

$$M100 = (X400 + M100)\overline{X401}$$
$$Y430 = M100$$

（5）指令语句程序

它利用类似于汇编语言的指令语句来编程。这对熟悉微机汇编语言的编程者特别容易接受。编程设备简单,通常都预先用以上几种方式之一表达,然后改写成相应的语句。

为了增强 PC 的各种运算功能,有的 PC 还配有 BASIC 语言,并正在摸索其他高级语言来编程。

8.2.2 PC 的编程元件

PC 的指令一般都是要针对一个元器件而言的,每个器件有器件名称和编号。生产厂家不同,元件类型有所不同,但主要元件的功能是一致的,下面以日本三菱公司的小型 PC,F-40M 为例来进行介绍。

（1）输入继电器（X）

F-40M 的元件编号采用 8 进制。输入继电器编号为 X400 ~ X407,X500 ~ X507,X410 ~ X413,X510 ~ X513 共 24 点输入。

输入继电器是专门用来接收从外部开关或敏感元件发来的信号的,它与输入端子相连,只能由外部信号所驱动,不能在内部由程序指令来驱动。输入继电器可提供无数对常开、常闭触点供内部使用。

（2）输出继电器（Y）

F-40M 有 Y430 ~ Y437,Y530 ~ Y537 共 16 点输出。

输出继电器专门用来将输出信号传送给外部负载。每一输出继电器仅有一对常开触头供外部使用,其状态对应于锁存电路的输出。同时它还可以提供无数常开、常闭触点供内部使用,这些触点的状态对应于元件映象寄存器。

（3）辅助继电器（M）

PC 具有许多辅助继电器供内部使用,辅助继电器的触点不可驱动外部负载。

辅助继电器编号为:

M100 ~ M277   128 点为普通型。

M300 ~ M377　64 点为断电保持型。

断电保持型在断电之后若再行供电能恢复断电前的状态。

（4）移位寄存器

移位寄存器由辅助继电器构成。可组成 8 位或 16 位的移位寄存器。移位寄存器的第一个辅助继电器的代号,就是这个移位寄存器的代号。当辅助寄存器已构成移位寄存器时,不可再作他用。

下面以图 8.6 为例来考察移位寄存器的工作情况。

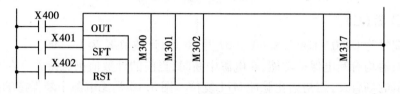

图 8.6　移位寄存器

①该移位寄存器的代号为 M300,它是一个 16 位的移位寄存器。

②输入:是指置第一个辅助继电器的状态。它由接在输入端的 X400 的状态所决定,其操作如图 8.7 所示。

③复位:当复位端的信号 X402 接通时(1 态)M301 ~ M317 全部处于复位状态(0 态)。因此当移位寄存器按照移位方式工作时,复位输入(在此即指 X402)应断开。

④移位:当移位输入端的信号 X401 接通(由 0 变 1)一次,每个辅助继电器的状态(1 或0)向右移一位(原 M317 的信号溢出)。

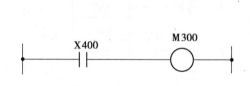

图 8.7　移位寄存器的输入

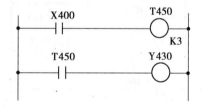

图 8.8　延时接通定时器

（5）定时器（T）

元件编号为 T450 ~ T457,T550 ~ T557 共 16 点。定时时间 K 为 0.1 ~ 999 s。

图 8.8 中 X400 闭合,定时器启动,每隔 0.1 s 对 K 减 0.1,直至 3 s 后 K 减到 0,定时器输出,其常开触点闭合(常闭触点打开)接通 Y430。若 X400 一直接通,定时器维持输出。当X400 断开,T450 复位,它的常开触点打开,常闭触点闭合,定时值 K 恢复到设定值。可见定时器为延时接通定时器。在需要延时断开定时器时,可使用图 8.9 所示电路。

定时器 T450 定时时间为 19 s,输入继电器 X400 由接通变断开时,定时器开始计时,计时到 19 s 其常闭触点打开使输出继电器 Y430 断电。

定时器亦有若干常开、常闭触点供限制时间操作之用。若在需要延时动作触点的同时还需要瞬时动作触点,可将铺助继电器线圈与定时器线圈并联,该辅助继电器的触点即为瞬时动作触点。

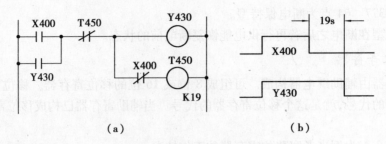

(a)   (b)

图 8.9   延时断开定时器

(6)计数器(C)

计数器编号为 C460～C467,X560～567 共 16 点,计数值 K 为 1～999。

每个计数器均有断电保持功能,在电源中断时,当前的计数值仍保持着。在不需要电源中断保持计数值的场合,可用初始化脉冲 M71 复位。图 8.10 是无电源中断保持的减法计数器。

运行一开始,初始化脉冲 M71 将 C460 复位,它的常开触点断开,常闭触点闭合,计数器当前值等于设定值 19。

当复位输入断开,计数输入 X401 接通一次(由 0 变 1),计数值减 1,直至计数值减到 0 时,C460 常开触点闭合(常闭触点打开),Y430 接通。若再来计数脉冲,计数器当前值仍保持为 0,C460 的常开触点一直保持接通。直到复位输入 X400 接通,C460 断开,计数值恢复为设定值。

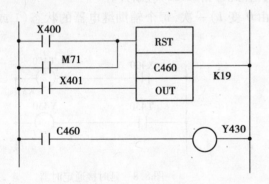

图 8.10   计数器

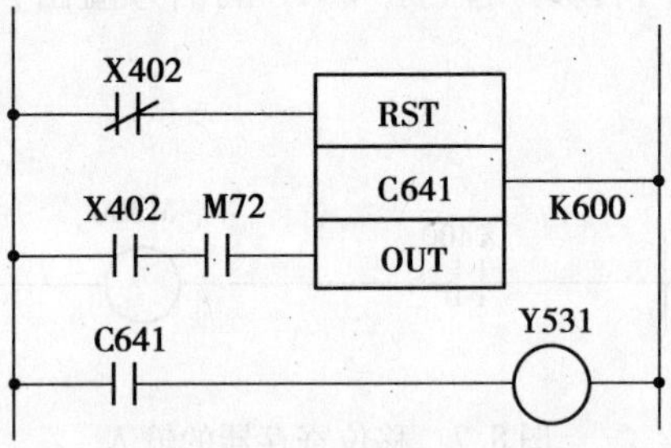

图 8.11   60 s 定时器

计数器也可作定时器用。图 8.11 是由计数器 C461 组成的 60 s 定时器。X402 接通,100 ms 的时钟脉冲 M72 使计数器 C461 计数,当计数值达到设定值 600(即 0.1 s×600＝60 s)时,触点 C461 闭合使 Y531 接通。输入继电器 X402 断电时,其常闭触点闭合,使 C461 复位,输出触点 C461 打开从而使 Y531 断电。利用此特点可用计数器构成长延时定时器。

若要在电源断开以后,计数器不复位,可将 X402 的常闭触点改为常开触点。这样,如在运行中因断电引起计数器中断计数,在电源再次接通后,计数器将在此值上继续计数,总共计数 600 次,计数器输出触点接通。

(7)几种特殊辅助继电器

①M70:运行监视   当 PC 处于运行状态,M70 接通。

②M71:初始化脉冲   当 M70 接通,第一执行周期 M71 接通,可用作计数器,移位寄存器

的初始化复位。

③M72:100 ms 时钟　产生脉冲间隔为 100 ms 的时钟。

④M76:电池电压下降　锂电池电压下降到规定值时接通。可以用它的触点通过输出继电器接通指示灯,提醒操作者更换电池。

⑤M77:禁止全部输出　在梯形图中,若 M77 的线圈接通,全部输出继电器 Y 的输出将自动断开。但是 M,T,C 仍继续工作。在紧急情况下可用 M77 切断全部输出。

8.2.3　PC 的指令系统

对 F 系列的 PC 基本指令如下:

(1)输入、输出指令

LD:取指令。取与母线连接的常开触点。

LDI:取反指令。取与母线连接的常闭触点。

以上两条指令还可与 ANB,ORB 配合,用于分支电路的开始点。

OUT:输出指令。用于驱动输出继电器、辅助继电器、定时器、计数器,但不能用于输入继电器。对于定时器和计数器使用 OUT 指令后,必须设定常数 K,常数 K 的设定也作为一条指令。图 8.12 是这三条指令的使用举例。

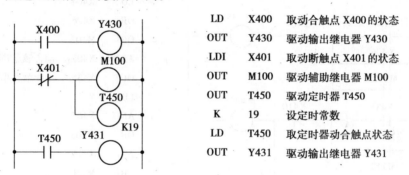

LD	X400	取动合触点 X400 的状态
OUT	Y430	驱动输出继电器 Y430
LDI	X401	取动断触点 X401 的状态
OUT	M100	驱动辅助继电器 M100
OUT	T450	驱动定时器 T450
K	19	设定时常数
LD	T450	取定时器动合触点状态
OUT	Y431	驱动输出继电器 Y431

图 8.12　LD,LDI,OUT 指令使用举例

(2)"与"指令

AND:常开触点串联连接指令。

ANI:常闭触点串联连接指令。

图 8.13 是 AND,ANI 的使用举例。

在图 8.13 中 OUT 指令后,经过 T451 触点,再利用 OUT 指令驱动 Y434,称为连续输出。由于编程的顺序规定由上到下,从左至右,因而不允许使用图 8.14 的电路。

(3)"或"指令

OR:常开触点并联指令。

ORI:常闭触点并联指令。

OR,ORI 只能用于一个触点与前面的电路并联。二个以上触点的串联支路再与前面电路并联,不能使用 OR,ORI 指令,应该使用后面要介绍的 ORB 指令。图 8.15 是该两指令使用举例。

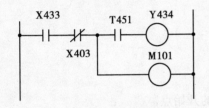

LD	X402
AND	M101	动合串联触点
OUT	Y433
LD	Y433
ANI	X403	动断串联触点
OUT	M101
AND	T451	动合串联触点
OUT	Y434	连续输出

图 8.13 AND, ANI 的使用

图 8.14 不能编程的电路

(4)块电路"或"指令

ORB:二个以上触点串联的支路与前面支路并联。使用该指令对各个支路进行并联时,各个支路的起点须使用 LD,LDI 指令。图 8.16 是 ORB 指令的使用举例。

对图 8.16 的梯形图有两种方式编程。

①多个支路组成的并联电路,每写一条并联支路后紧跟一条 ORB 指令,则并联支路的条数没有限制,这种

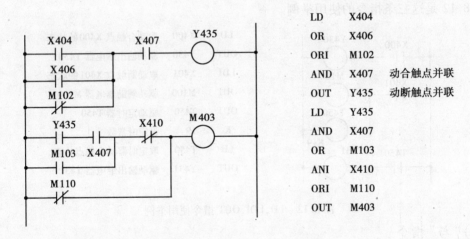

LD	X404
OR	X406
ORI	M102
AND	X407	动合触点并联
OUT	Y435	动断触点并联
LD	Y435
AND	X407
OR	M103
ANI	X410
ORI	M110
OUT	M403

图 8.15 OR, ORI 指令的使用

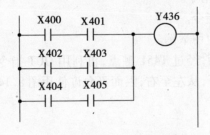

图 8.16 块电路"或"指令的使用

编程方式较好。具体编程如下:

LD	X400	LD	X404

AND	X401	AND	X405
LD	X402	ORB	
AND	X403	OUT	Y436
ORB			

②对多个并联支路,也可以在最后集中写若干个 ORB,但这种编程方式并联支路不能超过 8 条,是不好的编程方式。具体编程如下:

LD	X400	AND	X405
AND	X401	ORB	
LD	X402	ORB	
AND	X403	OUT	Y436
LD	X404		

（5）电路块串联连结指令

ANB:将并联电路块与前面电路串联。

使用该指令的原则是:

①先组块后串联;

②在每一电路块开始时,须使用 LD,LDI 指令;

③许多电路块组成的串联电路,在组成一个电路块后,紧跟一条 ANB 指令,则串联电路块的个数没有限制。也可以在所有的电路块组成后,集中写若干条 ANB 指令,但这种写法串联电路块数不能超过 8 个,这是不好的编程方式。

图 8.17 是 ANB 指令使用举例。

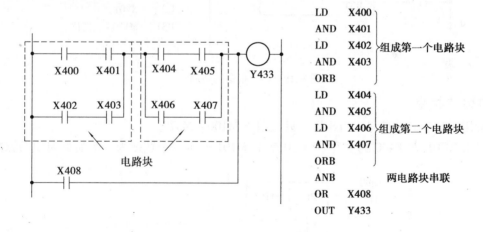

图 8.17 ANB 指令的使用

（6）复位指令

RST:用于计数器、移位寄存器的复位。

图 8.18 中 X427 或 M71 之一接通,计数器复位,输出触点 C461 断开,计数器的当前值恢复到设定值（K19）。在 RST 有输入的情况下,计数器不能接受输入（计数输入端）数据。

复位电路与计数器的计数电路、移位寄存器的移位电路是相互独立的,它们的先后次序可任意交换。

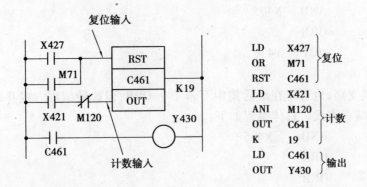

图 8.18 RST 指令的使用

所有的计数器和一部分移位寄存器具有断电保持功能。因此在开始运行之前,通常须用初始化脉冲将这些计数器和移位寄存器复位,以免出错。

(7)移位指令

SFT:移位寄存器移位输入指令。

图 8.19 是一个 8 位移位寄存器。OUT M120 对移位寄存器的第一位输入,SFT120 使移位寄存器每一位的状态逐位向右移一位,RST M120 使 M121 ~ M127 复位。

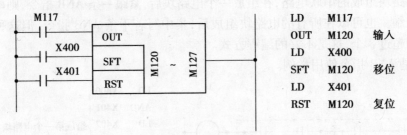

图 8.19 SFT 指令的使用

(8)脉冲指令

PLS:用于产生脉冲信号。PLS 指令只能用于 M100 ~ M377。

在图 8.20 中,在 X400 的上升沿(由 0 变 1)M101 产生一个宽度为一个演算周期的脉冲。

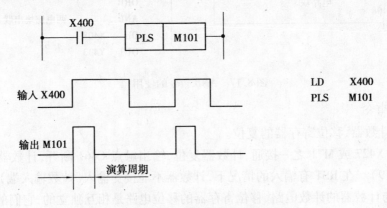

图 8.20 PLS 指令的使用

演算周期为:从程序执行开始到程序结束(END)之间所需要的时间。F-40M 每查询一步的平均时间为 45 μs,因此总步数乘上每步的时间为演算周期时间。

计数器和移位寄存器的复位,移位寄存器的移位通常需要这种脉冲。图 8.21 是继电器脉冲输出用于计数器复位的例子。

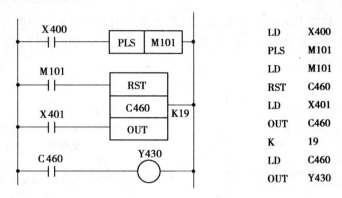

LD	X400
PLS	M101
LD	M101
RST	C460
LD	X401
OUT	C460
K	19
LD	C460
OUT	Y430

图 8.21　PLS 指令用于计数器复位

(9)空操作指令

NOP:使该步序作空操作。

若在程序中写入 NOP 指令,可使变更和增加程序时,步序号变更最小。若把已编好的程序中的指令改为 NOP,程序将发生变更,如图 8.22 所示。因此 NOP 指令的使用应慎重。

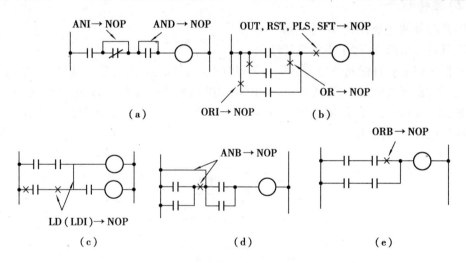

图 8.22　NOP 指令的使用

(a)接点短路　(b)电路切断　(c)切断接至前回路　(d)前面的电路全部短路　(e)前面的电路切断

(10)结束指令

END:编程结束时写入 END 指令。

在有效程序结束后,写一条 END 指令,可缩短演算周期。以 F-40M 为例,它的总程序步是 890 步,若不写 END 指令,控制器将从 000 步一直查询到 890 步才算完成一个演算周期,转入下一个工作周期。如有 END 指令,则查询到 END 后,就结束此周期而开始下一周期。

以上是 F 系列的 14 条基本指令,下面介绍几条补充指令。

(11)保持指令

S:操作保持置位指令。

R:操作保持复位指令。

只能对 M200 ~ M377 使用这两条指令。这两条指令用来保持上述继电器的置位或复位状态。图 8.23 是 S,R 指令的使用举例。S,R 指令之间可以插入别的程序,若 X401 和 X402 同时出现,将优先执行 R 指令。

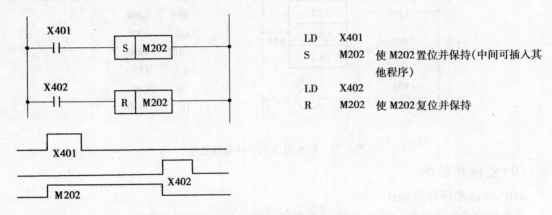

LD	X401	
S	M202	使 M202 置位并保持(中间可插入其他程序)
LD	X402	
R	M202	使 M202 复位并保持

图 8.23　S,R 指令的使用

(12)跳转指令

CJP:条件跳转指令,用于跳转开始。

EJP:跳转结束指令,用于指示跳转结束。

跳转指令规定的目标元件号为 700 ~ 777 共 64 点。当 CJP 前的条件满足时(为 1),则 CJP 与 EJP 之间的程序被跳过去,不予执行。CJP 与 EJP 必须成对使用,它们的目标元件号必须相同。图 8.24 是跳转指令的使用举例。当 X411 常开触点闭合时,跳过程序 B,执行程序 A,C。否则顺序执行程序 A,B,C。

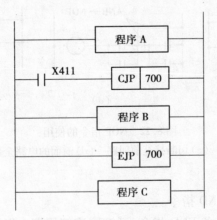

图 8.24　CJP/EJP 指令的使用

以上指令列于表 8.3。

表 8.3 F 系列 PC 指令表

指　令	功　能	数　据
LD	取与母线连接的(或分支电路开始的)动合触点	继电器编号 输入继电器 X400 ~ X413, X500 ~ X513 输出继电器 Y430 ~ Y437, Y530 ~ Y537 辅助继电器 M100 ~ M227, M300 ~ M377 定时器 T450 ~ T457 T550 ~ T557 计数器 C460 ~ C467, C560 ~ C567
LDI	取与母线连接的(或分支电路开始的)动断触点	
AND	动合触点串联连接	
ANI	动断触点串联连接	
OR	动合触点并联连接	
ORI	动断触点并联连接	
ORB	二个以上的触点串联与前面支路并联连接	
ANB	并联电路块与前面电呼串联	
OUT	输出	继电器编号:输出继电器,辅助继电器,定时器,计数器,移位寄存器
RST	复位计数器或移位寄存器	继电器编号:计数器,移位寄存器
SFT	移位寄存器逻辑内容移位	移位寄存器编号
NOP	空操作或该步序不起作用	
END	程序结束	
PLS	辅助继电器瞬时闭合(产生脉冲信号)	
R	操作保持置位状态	辅助继电器编号
S	操作保持复位状态	
CJP	条件跳转开始	700 ~ 777
EJP	条件跳转结束	

8.3　梯形图程序设计的规则及方法

梯形图编程是各种 PC 的通用编程方式。由于它直观、易懂,因而是应用最多的一种编程方式。自然,梯形图的设计规则和设计方法就成为 PC 程序设计的核心内容。

8.3.1　梯形图设计规则

①梯形图按自上而下,从左到右的顺序排列(指令编程亦应先上后下,从左至右),每个编

程元件线圈为一逻辑行。元件线圈与右母线直接连接,两线圈不得串联,亦不得在线圈与右母线间连接其他元素。

②除有跳转指令外,一般某编号的线圈在梯形图中只能出现一次。

③对并联电路的逻辑行,串联触点多的支路应排在上面,这样可减少指令的条数。如图8.25 所示。

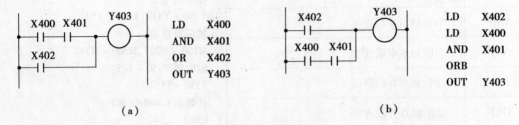

图 8.25　并联电路的排列

同理,对于有串联电路块的逻辑行,并联支路的电路块应排在左边。见图 8.26。

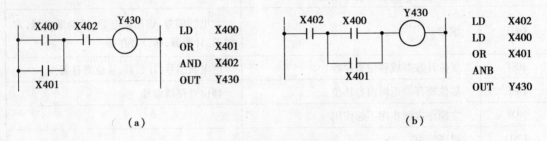

图 8.26　串联电路的排列

④不允许在一触点上有双向电流流过。图 8.27(a)按逻辑功能应改为(b)或(c)。

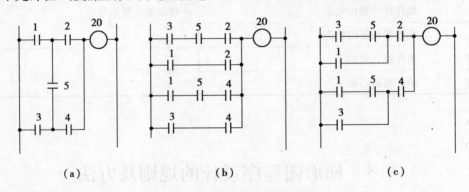

图 8.27　触点上有双向电流的画法

⑤输入继电器的线圈由输入端子上的外部信号所驱动,因而输入继电器的线圈不应出现在梯形图中。梯形图中输入继电器触点的通断取决于外部信号。

8.3.2　梯形图的经验设计法

经验设计法是沿用设计继电器电路图的方法来设计梯形图。即在一些典型电路的基础上,根据被控对象对控制系统的具体要求,不断修改和完善梯形图。设计无普遍规律可遵循,设计的质量与设计者的经验有很大关系,因而称为经验设计法。它可用于较简单的梯形图设计,如一些继电器基本控制电路的设计。

（1）启动、保持和停止电路

这是继电器控制最基本的单元电路。图 8.28 是起保停的梯形图电路及输入输出波形图。按下启动按钮,X400 线圈接通,其常开触点闭合使 Y430 接通。用 Y430 的常开触点与 X400 并联实现自保持。按下停止按钮,X401 线圈接通,其常闭触点打开使 Y430 继电。这种功能也可用 S,R 指令实现。

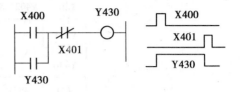

图 8.28　启动、保持和停止

（2）双向控制电路

用两个输出继电器控制同一个被控对象的两种相反的工作状态。如异步电机的正反转控制,双线圈二位电磁阀的控制都属于这种基本控制电路。

图 8.29 是异步电机正反转控制 PC 端子分配、外部接线及梯形图。SB2,SB3 和 SB1 分别是正反转启动和停止按钮。FR 是热继电器的保护触头,用它在 PC 外端直接通断正反转接触器 KM1,KM2 的电源更为可靠。X400 和 X401 的常闭触点用来实现按钮联锁,Y430 和 Y431 的常闭触点用来实现 Y430 和 Y431 的互锁。为确保在任何情况(例如某一接触器的主触头熔焊)下,两个接触器都不会同时接通,除以上的软件联锁外,还在 PC 的外部设置由 KM1 和 KM2 常闭触头实现的硬件互锁。

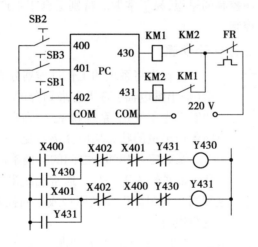

图 8.29　异步电机正反转控制

（3）异步电机正反转 Y-△降压启动电路设计

在电动机正反转控制梯形图的基础上,很容易设计出正反转 Y-△降压启动控制梯形图如图 8.30。

当正、反转启动时由 Y430 和 Y431 的触点并联接通 Y432,使 KM3 通电实现电动机绕组的 Y 形连接。同时 T450 线圈通电开始延时,当延时时间到(2 s),T450 输出,其常闭触点打开,断开 Y432 而使 KM3 断电;T450 常开触点闭合接通 Y433 使 KM4 通电,电动机转为△连接运行。梯形图中用 Y432 和 Y433 的常闭触点实现软件联锁。由于 Y430 和 Y431 有自锁,T450

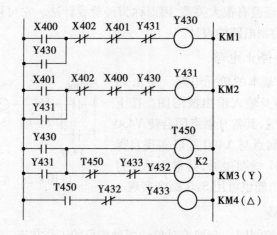

图 8.30 Y-△降压启动

线圈接通后不会断开,能维持输出,因而 Y433 不用自锁。

8.3.3 梯形图的顺序控制设计法

用经验法设计复杂系统的梯形图难度较大,设计出的梯形图往往非常复杂。这对 PC 控制系统的维修和改进都带来很大困难。

顺序设计法继承了顺序控制的思想,易于掌握。特别适合于生产过程按时间顺序或逻辑顺序自动进行加工的顺序控制。

(1)顺序控制设计法的设计步骤

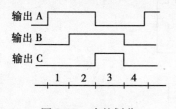

图 8.31 步的划分

①首先将系统的工作过程划分为若干步 步是根据输出量(输出继电器)的状态来划分的。只要系统某一输出量的通断发生了变化,系统就从一步进入了另外一步。在每一步内各输出量的状态均应保持不变。图 8.31 是步划分的示意。

②确定各相邻步之间的转换条件 转换条件成立使系统从当前步转入下一步。通常利用限位开关的通断,定时器或计数器的接通提供转换条件。这相当于利用行程控制原理或时间控制原理来实现自动控制。转换条件也可能是若干个信号的逻辑组合。

③画出功能表图(功能流程图) 功能表图又称为功能流程图或状态转移图。它是描述控制系统的控制过程、功能和特性的一种图形。

功能流程图并不涉及所描述的控制功能的具体技术。它是一种通用的技术语言,可以供进一步设计和不同专业的技术人员之间进行技术交流而用。

④根据功能流程图,采用某种编程方式设计出系统的梯形图程序。

(2)顺序设计法中功能流程图的绘制

现以送料小车的控制来讨论功能流程图的绘制。

图 8.32 是送料小车的工作图和功能流程图。小车在限位开关 X400 处装料,10 s 后装料结束,开始右行。碰到 X401 后停止、卸料。15 s 后卸料结束,左行回到 X400 处停下装料。如

此循环工作。小车的启动按钮是 X500。

功能流程图由步（如 M200～M203）、有向连线（步与步之间的连线）、转换（垂直于有向连线的短横线）、转换条件（转换旁边注明的说明）和动作组成。

1）步的概念

"步"用矩形方框表示，方框中是编程元件的代号，一般用辅助继电器代表步。图 8.32 中 M200 为一步，M201 为另一步。与控制过程的初始状态相对应的步称为初始步，用双线框表示。每个功能流程图起码应有一个初始步。

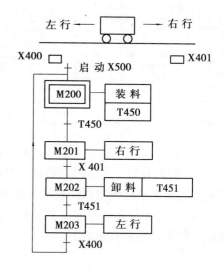

图 8.32　送料小车工作图和功能流程图

在每一步中要完成的动作，表示于与"步"用横线相连的矩形方框中，每一步中方框的排列顺序并不表示动作的顺序。如 M200 步的动作为同时接通装料和 T450，M202 步的动作为同时接通卸料和 T451。两种画法均可，并不隐含两个动作的顺序。

当系统处于某一步所在的阶段时，叫做该步处于活动状态，该步称为"活动步"。步处于活动状态时，相应的动作被执行。

2）转换与有向线

步与步之间用有向线连接，并且用转换将步分开。两个步绝对不能直接相连，必须用一个转换隔开。两个转换也不能直接相连，必须用一个步隔开。

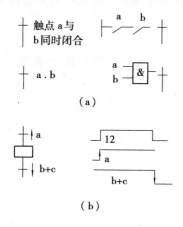

图 8.33　转换条件的表示

步与步之间的有向线表示步的进行方向。习惯的进行方向是从上到下或从左至右。如果不是上述的方向应在有向线上用箭头注明方向。

3）转换条件

转换条件可以用文字语言、布尔代数表达式或图形符号标注在表示转换的短横线旁。如图 8.33（a），图中转换条件成立是指 a 为"1"，b 亦为"1"，转换条件成立，转换实现。符号 ↑a 和 ↓b＋c 分别表示：当 a 从 0→1 态和 b＋c 从 1→0 态时，转换实现。图 8.33（b）中步 12 为高电平时，该步是活动的，否则是不活动的。

如果转换的前级步是活动的，并且满足相应的转换条件，则转换实现，即下一步变为活动步，上一步的活动结束。

4）功能流程图的几种结构

图 8.34 表示出功能流程图的几种结构：

（a）图为单序列。单序列的每一步的后面只有一个转换，每个转换的后面只有一个步。

（b）图为分支选择序列。转换符号只能标在水平连线以下，若步 5 是活动的，m＝1 则发生步 5→步 6 的进展；若 n＝1 则发生步 5→步 9 的进展。一般只允许同时选择一个序列。

（c）图为分支合并序列。转换符号只能在水平连线以上。若步 5 是活动的，l＝1 则发生步 5→步 12 的进展，若步 8 是活动的，t＝1 则发生步 8→步 12 的进展。

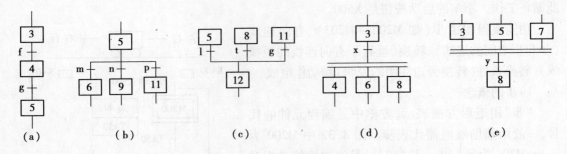

图 8.34　功能流图的几种结构

（d）图为并行分支序列。若步 3 是活动的，$x=1$ 时，4，6，8 这三步均变为活动的，为了强调同步实现水平连线用双线表示。转换只能在双线以上。

（e）图为并行合并序列。必须在 3，5，7 步都为活动步时，$y=1$ 才会发生步 3，5，7→步 8 的进展。转换只能在双线之下。

8.4　PC 在机械控制中的应用

对于设计一个控制系统，首先应该考虑的是：是否采用 PC。考虑的原则除控制功能外，主要是经济性和可靠性。

如果被控制系统很简单，I/O 点数很少，或者 I/O 点数虽多，但控制不复杂，特别是各部分相互联系很少，那就没有必要采用 PC。

下列情况可以考虑采用 PC：

①I/O 点数多，控制复杂。若用继电器控制需大量的中间继电器、时间继电器、计数器等。

②对可靠性要求特别高，用继电器控制不能满足。

③生产需要经常改变控制程序和修改控制参数。

④可以用一台 PC 控制多台设备。

8.4.1　PC 的选型

一旦决定采用 PC，可以从以下几个方面考虑选型。

（1）结构型式及档次

按照物理结构，PC 分为整体式和模块式。整体式的每一 I/O 点的价格较低。对于单台仅需开关量控制的设备，一般选小型整体式 PC 就可满足要求。

对于复杂的、要求较高的系统可考虑采用模块式的中、大型机，这样能灵活地配置 I/O 模块的点数和类型。根据要求使具有数值运算、模拟量控制、PID 闭环控制、运动控制、通讯联网等功能。

（2）容量

PC 的容量指用户存储器容量（步数）和 I/O 点数两方面的含义。

选择存储器容量可按25%留裕量。I/O点数可按10%～15%考虑裕量。

（3）开关量I/O模块的选择

输入模块有交流输入和直流输入两种类型。交流输入方式接触可靠,适合有油雾、粉尘的恶劣环境下使用。直流输入的延迟时间短,还可以与接近开关,光电开关等电子输入开关连接。输入电压5 V,12 V,24 V属低电平,传输距离不宜太远。如5 V模块最远距离不得超过10 m。距离较远的设备应选用较高电压的模块。

输出模块中,继电器输出的价格便宜,适用的电压范围较宽,承受瞬时过电压和过电流的能力较强,对于不频繁通断的负载应优先选用(电感性负载最高通断频率不得超过1 Hz)。对于频繁通断的负载,应采用无触点开关输出,即选用晶体管输出(直流输出)或双向晶闸管输出(交流输出)。

在选用输入、输出模块时还应考虑同时接通的点数。一般来讲,同时接通的输入或输出点数不要超过输入或输出点数的60%。

8.4.2　开关量I/O模块的外部接线

开关量输入输出模块的外部接线分为汇点式和分离式两种,汇点式各输入输出回路有一个公共端COM,并共用一个电源。分离式各输入输出回路有两个接线端,并由单独电源供电,每个点之间是相互独立的。

（1）输入模块的外部接线

图8.35是输入模块的几种接线。

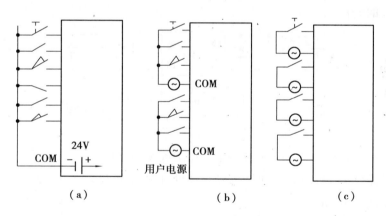

图8.35　输入模块的接线

（a）图为汇点式直流模块,所有的输入共用一个公共端COM。这种模块的直流电源一般由PC自身的电源供给。

（b）图为分组汇点式交流模块。分组汇点式模块,由几个电源供电。交流电源由用户提供。

（c）图为分离式输入模块。分离式输入用于交流供电,交流电源由用户提供。

（2）输出模块的外部接线

图8.36是输出模块的接线。（a）图为只有一个COM的汇点式输出。（b）图为分组式汇

点输出。(c)图为分离式输出。输出电源可以是交流,也可以是直流,但都必须由用户提供。

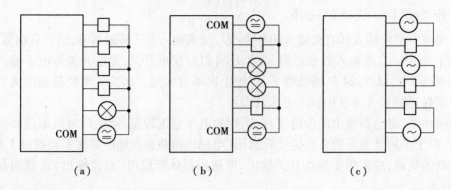

图8.36 输出模块的接线

(3) 输入输出接线端的保护

输入端或输出端有感性元件时,应在它们两端并联续流二极管(对于直流电路)或阻容电路(对于交流电路),以抑制电路断开时产生的电弧对 PC 的影响(图8.37)。电阻可以取 51 ~ 120 Ω,电容可取 0.1 ~ 0.47 μF,电容的额定电压应大于电源峰值电压。续流二极管可以选 1 A 的管子,其额定电压应大于电源电压的 3 倍。

8.4.3 采用通用逻辑指令实现时间顺序控制的程序设计

所谓通用逻辑指令,是指诸如 LD,AND,OR,OUT 这类各种型号都具有的指令,因而它适合各种型号 PC 的编程。

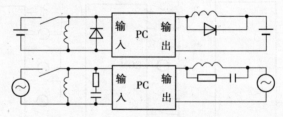

图8.37 输入输出接线端的保护

按顺序控制设计法设计梯形图时,一般用辅助继电器 M 代表各步。图8.38 是采用通用逻辑指令设计的基本电路。

若前一步 M_{i-1} 是活动的,M_{i-1} 到 M_i 步之间的转换条件 X_i 成立(即 $X_i = 1$)时,M_i 步应变为活动步,同时使前一步 M_{i-1} 的活动终止。为此,应将 M_{i-1} 和 X_i 的常开触点串联来接通 M_i。又由于 X_i 一般是短信号,所以用 M_i 的常开触点自保。M_i 的断开由下一步 M_{i+1} 的接通而实现,所以将 M_{i+1} 的常闭触点与 M_i 的线圈串联。

现以时间控制原则实现机械手的夹紧(抓取工件)→正转→放松(卸下工件)→反转→原位停为例来讨论程序设计。

机械手由液压系统驱动,电磁铁 1DT,2DT,3DT,4DT 通电分别控制机械手夹紧、放松、正转、反转。1DT 通电后即能维持夹紧(只要 2DT 不通电),同理 2DT 通电后即能维持夹紧(只

· 182 ·

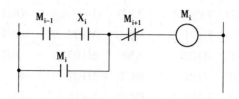

图 8.38　基本电路

要 1DT 不通电)。机械手工作按时间原则实现自动控制,其工作循环如图 8.39。

图 8.39　机械手工作循环图

　　首先进行输入、输出端子分配。由于自动循环按时间原则进行,输入端只设启动按钮,这样外部设备特别简单。输出端除具有 1DT ~ 4DT 的驱动输出外,另设几个指示灯,以显示机械手的工作状态。输入输出端子分配见图 8.40。

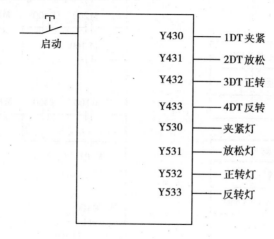

图 8.40　端子分配

　　按照机械手的工作循环图,将整个控制,过程分为五步,包括一个初始步。图 8.41 是功能流程图。按照功能流程图,利用基本电路的设计思想,很容易作出图 8.42 的梯形图。

　　以 M200 的接通为例:设 M200 = M_i,M103 = M_{i-1},M_{i+1} = M100。转换条件 X_i = T453。当 M103 = 1 时,T435 一旦为 1 则应使 M200 接通。因而用 M103 和 T453 的常开触点串联来接通 M200,同时并联上 M200 的触点使其自保持。PC 上电运行时亦应将 M200 接通,否则系统无法运行,因此用初始化脉冲 M71 与上述电路并联。在后续步 M100 接通时 M200 应断开,所以用 M100 的常闭触点与 M200 线圈串联。

　　为了避免同一线圈在梯形图中出现两次,将 Y530 的线圈用 M100,M101 触点并联驱动。将 Y531 的线圈用 M102,M103 触点并联驱动。

　　图 8.42 的指令编程如下:

LD	M103	OUT	T450	OR	M101	OR	M103
AND	T453	K	10	OUT	Y530	ANI	M200
OR	M71	LD	M100	LD	M101	OUT	M103

OR	M200	AND	T450	AND	T451	OUT	Y433
ANI	M100	OR	M101	OR	M102	OUT	Y533
OUT	M200	ANI	M102	ANI	M103	OUT	T453
LD	M200	OUT	M101	OUT	M102	K	15
AND	X400	OUT	Y432	OUT	Y431	LD	M102
OR	M100	OUT	Y532	OUT	T452	OR	M103
ANI	M101	OUT	T451	K	10	OUT	Y531
OUT	M100	K	15	LD	M102	END	
OUT	Y430	LD	M100	AND	T452		

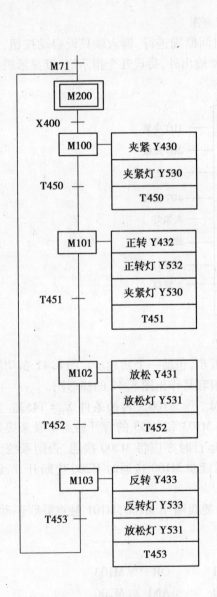

图 8.41 机械手功能流程图

· 184 ·

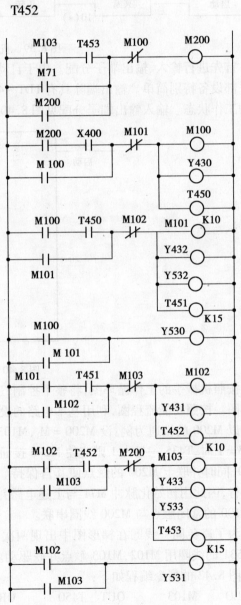

图 8.42 机械手梯形图

8.4.4 用置位(S)复位(R)指令实现机床运动循环控制

几乎各种类型的 PC 都具有置位、复位指令,利用该指令可以很容易地实现起、保、停控制,因而也可很方便地用来编制顺序控制程序。

现将液压滑台的快进、工进、快退的继电器控制改为 PC 控制。图 8.43 中标出了循环控制的转换条件和输出继电器。功能流程图和梯形图。如图 8.44 所示。

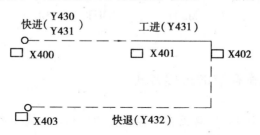

图 8.43　液压滑台控制

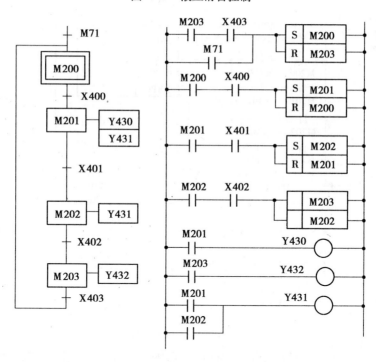

图 8.44　液压滑台控制的功能流程图及梯形图

PC 开始运行,M71 用 S 指令将 M200 置位,该置位具有保持功能。当按下启动按钮,X400接通,M201 置位同时用 R 指令使 M200 复位(并保持复位),M201 接通 Y430 和 Y431 实现快进。当快进到位,行程开关被压动使 X401 接通,M202 置位保持,M201 复位保持,此时 Y430断开,Y431 继续接通转为工进。工进到位 X402 接通,M203 置位使 Y432 接通,M202 复位使Y431 断开,滑台快退回原点,压下行程开关使 X403 接通,M200 重新置位,同时 M203 复位,这时滑台停止于原点等待下一次启动。

为了不使 Y431 的线圈出现两次,用 M201 和 M202 的触点并联来驱动 Y431。

指令程序如下:

LD	M203	S	M201	LD	M202	LD	M203
AND	X403	R	M200	AND	X402	OUT	Y432
OR	M71	LD	M201	S	M203	LD	M201
S	M200	AND	X401	R	M202	OR	M202
R	M203	S	M202	LD	M201	OUT	Y431
LD	M200	R	M201	OUT	Y430	END	
AND	X400						

8.4.5 使用移位寄存器的编程方式

对前述的液压滑台,用移位寄存器亦很容易实现控制。对应于图 8.44 的功能流程图,采用移位寄存器设计的梯形图如图 8.45。

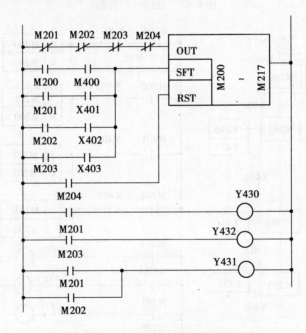

图 8.45 采用 SFT 指令的梯形图

PC 开始运行,M201~M217 为断开,M201~M204 的常闭触点闭合,首先使 M200 = 1。按下启动按钮,X400 接通,移位输入端得到一个脉冲,M200 中的 1 右移一位到 M201,即 M201 = 1,同时 $\overline{M201}$ = 0,使 M200 的输入断开,在下一个扫描周期 M200 = 0。以后每出现一个转换信号(X401~X403)该 1 态逐位右移一位。用 M201~M203 的触点按规定的逻辑接通 Y430~Y432,使滑台实现快进→工进→快退→原位停。当 M204 = 1 时,对移位寄存器复位使 $\overline{M201}$~$\overline{M203}$ = 1,这时 M200 又被置为 1,为下一次循环作好准备。

用移位寄存器实现顺序控制时,辅助继电器的接通和断开是由移位功能实现的,这部分电路比较简单。如果系统的功能流程图为单序列,并且步数较多,特别适合采用这种编程方式。

图 8.45 的指令程序为：

LDI M201	LD M201	AND X403	LD M203
ANI M202	AND X401	ORB	OUT Y432
ANI M203	ORB	SFT M200	LD M201
ANI M204	LD M202	LD M204	OR M202
OUT M200	AND X402	RST M200	OUT Y431
LD M200	ORB	LD M201	END
AND X400	LD M203	OUT Y430	

8.4.6 有多种操作方式的程序设计

现将液压滑台的控制按手动操作和自动操作,自动操作方式又分为单步、单周期和连续操作方式来设计。

(1)各种操作的内容

手动操作是对滑台的每一种动作进行单独控制。例如:当选择快进时,按下启动按钮,滑台快进;当选择工进时,按下启动按钮,滑台工进;当选择快退时,按下启动按钮滑台快退。

单步操作 每按一次启动按钮,滑台完成一步动作后自动停止。

单周期操作 滑台从原点开始,按一下启动按钮,滑台完成一个周期的自动循环后停止。在工作中若按一下停止按钮,则滑台动作停止。重新启动时,须用手动操作方式将滑台移回原点,然后按一下启动按钮,滑台又重新开始单周期操作。

连续操作 滑台从原点开始,按一下启动按钮,滑台的动作将自动地、连续地周期性循环。在工作中若按一下停止按钮,则滑台动作停止。重新启动时,须用手动操作方式将滑台移回原点,然后按一下启动按钮,滑台又重新开始连续操作。

在工作中若按一下复位按钮,则滑台将继续完成一个周期的动作后,回到原点自动停止。

(2)输入输出设计

按照以上要求输入信号有:启动按钮、停止按钮和复位按钮;工进、快退和停止限位开关;操作方式选择开关(4 位)和手动运动选择开关(3 位)。图 8.46 是操作面板布置图。图 8.47 是 PC 端子分配图。

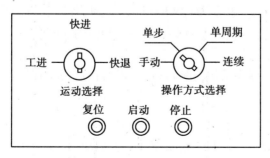

图 8.46 操作面板布置

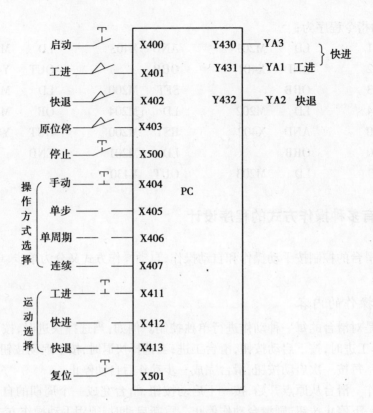

图 8.47　端子分配图

（3）程序结构设计

为了便于编程先绘出整个控制程序的结构框图。如图 8.48。

在该结构框图中，当操作方式选择开关置于"手动"时，X404 = 1，$\overline{X404}$ = 0，使 CJP700 断开，不跳转而执行 CJP700～EJP700 之间的手动程序。此时，由于 $\overline{X405}$～$\overline{X407}$ = 1，CJP701 接通使 CJP701～EJP701 之间的程序被跳转，不执行。

当操作开关置于"单步"、"单周期"或连续时，X405～X407 之一为 1，$\overline{X405}$～$\overline{X407}$ 之一为 0，使 CJP701 断开，不跳转（此时，$\overline{X404}$ = 1，手动程序被跳转），执行自动程序。

在执行自动程序时，如操作选择开关置于"连续"，使辅助继电器 M300 置位保持，程序自动反复循环。操作开关置于"单步"时，M300 同样接通，程序也可循环，但必须是每按一次起按钮执行一步。若操作开关置于"单周期"或运行过程中按下复位按钮，则 M300 复位保持，程序执行完一周期自动在原位停。

由于手动程序和自动程序采用的跳转指令，因而在这两个程序段中可以采用同样一套输出继电器。

（4）手动操作程序

手动操作可按一般继电器控制线路来设计。各运动选择均用启动按钮点动实现。

选择工进时 X411 = 1（参见图 8.47 和图 8.49），只接通 Y431。选择快进时 X412 = 1，应使 Y430 和 Y431 同时接通，因此用 X411 和 X412 的触点并联驱动 Y431。快进和工进都用快退的转换信号 X402 常闭触点作限位保护，所以在 Y430 和 Y431 的电路中串入了 X402 的常闭触

· 188 ·

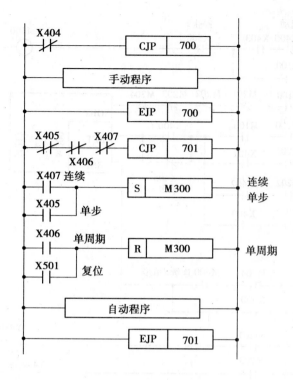

图 8.48　总程序结构框图

点。同理,快退用 X403 作限位保护。进、退的联锁用 Y432 和 Y431 的常闭触点相互串联来实现。

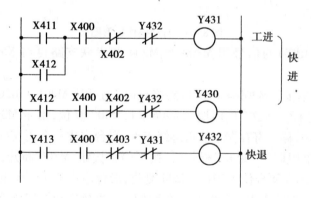

图 8.49　手动操作梯形图

（5）自动操作程序

在图 8.45 的基础上设计出自动操作程序如图 8.50。对改动部分及有关操作作如下说明（配合总程序结构图 8.48 及端子分配图 8.47）。

①专设一起保停电路驱动 M100,以便使停止按钮发挥作用。图 8.45 中移位寄存器第一条移位输入支路中的 X400 由 M100 代替。

②移位输入端(SFT)串入 X400(启动)和 $\overline{X405}$ 的并联支路。在选择单步操作时 X405 接通 X405 =0,此时,必须按动一次启动按钮使 X400 接通一次才会发生一次移位。

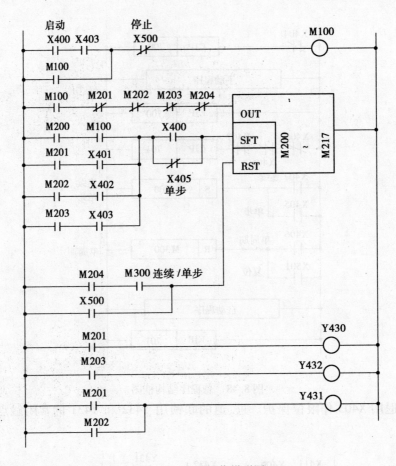

图 8.50　自动操作梯形图

③复位输入端(RST)的信号用 M300 和 M204 的串联支路再与 X500 并联而成的电路提供。

选择"连续"或"单步",M300 = 1,滑台到终点时,均可让 M201 ~ M204 复位,从而使下一周期或下一步可以进行。若选"单周期",X406 = 1,M300 复位,由于 M300 = 0,M201 ~ M204 不复位,维持 M200 = 0,移位寄存器不能再继续工作,滑台完成一个周期的循环在原位停下。

④在"连续"、"单周期"、"单步"操作时,按下停止按钮,M100 断开,一方面使 M200 = 0,同时接入 RST 端的 X500 闭合使 M201 ~ M204 复位,滑台停止工作。要重新启动,只能用手动操作让滑台回到原点,使接入 M100 线路中的 X403 = 1,再按启动按钮可重新按原方式工作。

⑤复位操作:按下复位按钮,X501 接通,(图8.48),M300 复位并保持,接于 RST 端的 M300 = 0,由于移位寄存器不能复位,滑台按所选的操作方式完成当前一个周期的运动到原点停下。

习 题

1. 试根据 PC 的构成简述其特点和应用场合。

2. 描叙 PC 的工作方式。输入状态寄存器、输出状态寄存器、输出锁存器在 PC 工作中各起什么作用。

3. 用两个定时器设计一个定时电路。在 X405 接通 1 000 s 后将 Y535 接通(提示:两个定时器的设定值之和等于 1 000 s)

4. 用两个计数器设计一个定时电路,在 X402 接通 81 000 s 后将 Y436 接通。

5. 试用 PC 按行程原则实现对机械手的夹紧—正转—放松—反转控制。

附　录

附录1　电工设备文字符号

文字符号	名　称	文字符号	名　称
M	电动机	Q	动力电路的机械开关器件
G	发电机	QF	断路器
GB	蓄电池	QM	电动机的保护开关
GF	旋转或静止变频器	QS	隔离开关
GS	电源装置	R	固定或可调电阻器
B	光电管	RP	电位器
	测力计	RS	测量分流表
	石英转换器	RT	热敏电阻
	扩音器(话筒)	RV	压敏电阻
	拾音器	S	控制、监视、信号电路开关器件
	扬声器	SA	选择器或控制开关
	同步解算器	SB	按钮
BP	压力转换器	SL	液压传感器
BQ	位置转换器	SP	压力传感器
BR	转速转换器(测速发电机)	SQ	极限开关(接近开关)
BT	温度转换器	SR	转数传感器
BV	速度转换器	ST	温度传感器
A	激光器	T	变流器、变压器
	微波发射器	TA	电流互感器
	调节器	TC	控制电路电源变压器
AD	晶体管放大器	TM	动力变压器
AJ	集成电路放大器	TS	磁稳压器
AM	磁放大器	TV	电压互感器
AV	电子管放大器	U	鉴别器,解调器,变频器,编码器
AP	印刷电路板		交换器
AT	抽屉		逆变器

文字符号	名　称	文字符号	名　称
AR	框架		电报译码器
C	电容器	V	电子管,气体放电管,二极管,晶体管,硅可控整流器
D	数字集成电路和器件延迟线,双稳态元件,单稳态元件,寄存器,磁芯存储器,磁带或磁盘记录器	VC	控制电路电源的整流桥
		W	导线,电缆,汇流条,波导管方向耦合器,偶极天线,抛物型天线
E	杂件	X	接线坐、插头、插座
EH	发热器件	XB	连接片
EL	照明灯	XJ	试验插孔
EV	空气调节器	XP	插头
F	保护器件,过电压放电器件,避雷器	XS	插座
FA	瞬时动作限流保护器件	XT	接线端子板
FR	延时动作限流保护器件	Y	电动器件
FS	延时和瞬时动作限流保护器件	YA	电磁铁
FU	可熔保险器	YB	电磁制动器
FV	限电压保护器件	PA	安培表
H	信号器件	PC	脉冲计数器
HA	音响信号器件	PJ	电度表
HL	光信号器件、指示灯	PS	记录仪
K	继电器,接触器	PT	时钟、操作时间表
KA	瞬时接触器式继电器,瞬时通断继电器	PV	电压表
KL	锁扣接触器式继电器,双稳态继电器	PE	保护接地
KM	接触器	YC	电磁离合器
KP	极化继电器	YH	电磁卡盘,电磁吸盘
KR	舌簧继电器	YV	电磁阀
KT	延时通断继电器	Z	电缆平衡网络,压伸器,晶体滤波器,(补偿器),(限制器),(终端装置),(混合变压器)
L	电感器,电抗器		
N	模拟器件,运算放大器模拟/数字混合器件		
P	测量设备,试验设备信号发生器		

注:本表摘自 JB 2740—85。

附录2 电工系统常用图形符号

符号名称及说明	图形符号	符号名称及说明	图形符号
直流电	——	磁场效应	×
交流电	∼	延时	⊢⊣
正极	+	延时动作 （从圆弧向圆心移动的 方向为延时动作）	⊏⊢
负极	—		
中线	N	自动复位 非自动复位	◁ ⌄
中间线	M		
正向脉冲	⊓	脱开定位 进入定位	↑ ↓
负向脉冲	⊔		
交流脉冲	∿	两个器件之间的联锁	▽
正向阶跃函数	⌐	机械联结器或离合器	⊔
负向阶跃函数	⌐	脱开的机械联结器 结合的机械联结器	⊓ ⊔
脉冲宽度 2 μs,频率 10 kHz 的正向脉冲	2 μs ⊓ 10 kHz	单向旋转联结器	⟩⊓⟨
锯齿波	∿	制动器 电动机已制动的制动 器松开电动机的制动器	
热效应	⌐		
电磁效应	⌐	齿轮转动	

· 194 ·

符号名称及说明	图形符号	符号名称及说明	图形符号
电磁离合器		接触效应	
电磁转差离合器或电磁粉末离合器		手动操作件通用符号	
		受限制的手动操作件	
电松电磁制动器		拉式操作件	
温度控制	θ	旋式操作件	
压力控制	P	推式操作件	
液面控制		急停按钮	
计数器控制		手轮操作件	
转速控制	n	脚踏操作件	
线速度控制	V	杠杆操作件	
流量控制		滚轮操作件	
接近效应		凸轮操作件	

符号名称及说明	图形符号	符号名称及说明	图形符号
气动或液动的单向操作件		测试点指示符号	
气动或液动的双向操作件		电路测试点	
过电流电磁保护		变换功能符号 变换器	
电磁控制的操作件		隔离功能符号 电流隔离器通用符号	
电热控制的操作件		导线、导线束、电缆、线路、电路 例:三根导线 例:三根导线	
电动机控制的操作件		活动导线	
电钟控制的操作件		屏蔽导线	
接地通用符号		屏蔽接地导线	
无噪声接地		导线的连接	
保护接地		接线端子	
接机壳,接底板		接线端子板	11 12 13 14 15
等电位		导线的丁字连接	
滑动触头		导线的十字连接	

符号名称及说明	图形符号	符号名称及说明	图形符号
导线拼合连接		带滑动触头的电位器	
相似复式连接		预调电位器	
复接单动选择器（示图有 10 个触排）	10	电容器通用符号	
		穿心电容器	
单极插孔 单极插头 单极插销		极性电容器	
		可变电容器	
连接器		预调电容器	
同轴插孔和插头		电感器	
对接片连接器		有磁芯的电感器	
连通的连接片		有两个抽头的电感器	
断开的连接片		整流二极管通用符号	
电阻通用符号		温度效应二极管	
可变电阻		变容二极管	
带滑动触头的电阻		隧道二极管	

符号名称及说明	图形符号	符号名称及说明	图形符号
反向阻断二极闸流管		三相 Y 形连接,中性点引出的绕组	
反向导通二极闸流管		换向或补偿绕组	
反向阻断三极闸流管(阴极端控制)		串激绕组	
反向导通三极闸流管(阴极端控制)		并激或它激绕组	
PNP 晶体管 NPN 晶体管		电刷	
		直流串激电动机(M)或发电机(G)	
P 型基极单结晶体管		直流它激电动机(M)或发电机(G)	
N 型基极单结晶体管			
光敏电阻		直流并激电动机(M)或发电机(G)	
光电二极管		直流复激电动机(M)或发电机(G)	
光电池		交磁放大机	
PNP 型光电晶体管			
三相△形连接绕组		单相同步电动机	
三相 Y 形连接绕组		三相鼠笼电动机	

符号名称及说明	图形符号	符号名称及说明	图形符号
单相、鼠笼、有分相抽头的异步电动机		电抗器 扼流器	或
三相、鼠笼、绕组三角连接的电动机			
三相、线绕转子异步电动机		电流变压器(电流互感器)脉冲变压器	
三相、星形连接、转子中有自动启动器的异步电动机		铁芯变压器	
三相、单绕组(双速)鼠笼异步电动机(/84级)		有屏蔽的变压器	
三相、双绕组(三连)鼠笼异步电动机(8/4+6级)		一个绕组有中间抽头的变压器	
步进电动机		单芯、双副边绕组的电流互感器(脉冲变压器)	
双绕组变压器		双芯、双副边绕组的电流互感器(脉冲变压器)	
三绕组变压器		饱和电抗器框图	
自耦变压器		磁放大器框图	

续表

符号名称及说明	图形符号	符号名称及说明	图形符号
直流变流器		中间位置断开的双向触头	
整流设备(器)		先合后断转换触头	
全波(桥式)整流器			
逆变器		双动合触头	
整流器/逆变器		双动断触头	
原电池或蓄电池			
接触器功能		线圈通电时延时闭合的动合触头	
隔离开关功能			
负荷隔离开关功能			
自动脱扣功能		线圈通电时延时断开的动断触头	
极限开关功能			
动合触头开关通用符号	或	线圈断电时延时断开的动合触头	
动断触头			
先断后合转换触头		线圈断电时延时闭合的动断触头	

符号名称及说明	图形符号	符号名称及说明	图形符号
线圈通电和断电都延时的动合触头		行程开关的动合触头	
手动开关的通用符号		行程开关的动断触头	
推动开关		双向操作的行程开关	
拉动开关		热敏开关动断触头	
旋动开关		热敏开关动断触头	
脚踏开关		热敏自控开关动断触头	
压力开关		具有发热元件的气体放电管（日光灯的启动器）	
液面开关		杠杆操作的三位开关	
凸轮动作开关			
惯性开关			

符号名称及说明	图形符号	符号名称及说明	图形符号
推旋按钮开关		隔离开关触头	
		中间位置断开的双向隔离开关	
既可用旋钮操作(带锁位)也可用按钮操作(有弹力返回)的开关		负荷隔离开关触头	
		带自动脱扣的负荷隔离开关触头	
单极4位开关		过载热脱扣	
适用于4个独立电路的4位手动开关		过电流脱扣	$I >$ 或
开关通用符号		欠电压脱扣	$U <$
接触器的动合触头		带过载热脱扣的接触器	
带自动脱扣器的接触器触头			
接触器动断触头		带锁扣的、具有电磁脱扣和过载热脱扣的三相断路器	

符号名称及说明	图形符号	符号名称及说明	图形符号
三相负载隔离开关		JK 双稳态元件	
三相隔离开关		T 型双稳态元件(二进制分频器、补码元件)	
NPN 型、基极连接引出的光电晶体管光耦合器		高增益运算放大器	
NPN 型、基极连接未引出的达林顿型光耦合器		放大倍数为 1 的反向放大器 u = −1·a	
或门 只有当一个或几个输入为 1 状态时,输出就为 1 状态。如不产生多义性,"≥"可用 1 代替。		接触器和继电器线圈通用符号	
		缓释放继电器的线圈	
与门 只有当所有输入为 1 状态时,输出为 1 状态		缓吸合继电器的线圈	
非门 反相器(采用单一约定表示器件时)当输入为 1 状态时,输出为 0 状态		缓吸合和释放的继电器线圈	
与非门 具有输出的与门		快动作继电器线圈	
RS 双稳态元件		极化继电器线圈	

注:本表摘自 JB 2739—83。

参考文献

[1] 龚浦泉,陈远龄.机床电气自动控制[M].重庆:重庆大学出版社,1988.

[2] 方承远.工厂电气控制技术[M].北京:机械工业出版社,1992.

[3] 莫正康.晶闸管变流技术[M].北京:机械工业出版社,1992.

[4] 陈伯时.自动控制系统[M].北京:机械工业出版社,1991.

[5] 刘竞成.交流调速系统[M].上海:上海交大出版社,1984.

[6] 上海市电气自动化研究所.机床的数字控制与计算机应用[M].北京:机械工业出版社,1982.

[7] 王润孝.机床数控原理与系统[M].西安:西北工业大学出版社,1989.

[8] 彭炎午.计算机数控(CNC)系统[M].西安:西北工业大学出版社,1988.

[9] 冯国楠.现代伺服系统的分析与设计[M].北京:机械工业出版社,1990.

[10] 廖常初.可编程序控制系应用技术[M].重庆:重庆大学出版社,1992.